Trendradar KI

Andreas Klug, Jörg Besier

# Trendradar KI

Relevante Anwendungsfelder für Unternehmen

1. Auflage

Haufe Group
Freiburg · München · Stuttgart

**Bibliografische Information der Deutschen Nationalbibliothek**

Die Deutsche Nationalbibliothek verzeichnet diese Publikation in der Deutschen Nationalbibliografie; detaillierte bibliografische Daten sind im Internet über http://dnb.dnb.de/ abrufbar.

| | | |
|---|---|---|
| **Print:** | ISBN 978-3-648-15801-2 | Bestell-Nr. 10694-0001 |
| **ePub:** | ISBN 978-3-648-15802-9 | Bestell-Nr. 10694-0100 |
| **ePDF:** | ISBN 978-3-648-15803-6 | Bestell-Nr. 10694-0150 |

Andreas Klug, Jörg Besier
**Trendradar KI**
1. Auflage, August 2022

© 2022 Haufe-Lexware GmbH & Co. KG, Freiburg
www.haufe.de
info@haufe.de

Bildnachweis (Cover): © zirconicusso, Adobe Stock

Produktmanagement: Anne Rathgeber
Lektorat: Ulrich Leinz, Berlin

# Inhaltsverzeichnis

# Vorwort

Eine zentrale Frage lautet: Wird Künstliche Intelligenz alles verändern? Die einfache Antwort ist: Ja.

Künstliche Intelligenz (KI) kann uns Menschen helfen, uns auf jene Sequenzen der Wertschöpfung zu fokussieren, die uns nahe liegen: Kreativität, Einfühlungsvermögen, Verstand und Kommunikationsgeschick. KI wird viele Tätigkeiten in unserem Alltag und manche Berufsbilder überflüssig machen – aber nicht die Menschen, die sie heute ausüben. Denn wir können Mitarbeitende schulen und nahtlos in neue Rollen überführen, wenn ihre heutigen Rollen in unserer Ökonomie von dieser Substitution betroffen sind.

KI ist ein bedeutender Baustein in der vielleicht größten sozioökonomischen Transformation unserer Welt. Die meisten Branchen, Unternehmen, Mitarbeitende werden davon betroffen sein. Dennoch ist vieles über KI noch nicht allgemein bekannt:

- Was ist KI und wie funktioniert sie?
- Welche Entwicklungen sind relevant?
- Wie wird KI unsere Ökonomie verändern?
- Wie und wo können wir KI in unseren Unternehmen einsetzen?

Um auf diese Fragen gute und aktuelle Antworten geben zu können, haben wir die Idee der **KI-Trendradare** entwickelt. Mit den Trendradaren haben wir ein Instrument zur Früherkennung relevanter KI-Anwendungsfälle aus Sicht der Branchen – also externer Perspektive – und aus Sicht der Organisationsbereiche – interne Perspektive – entwickelt.

**Bewertung relevanter KI-Anwendungsfälle mit den KI-Trendradaren**
Wir haben seit Sommer 2021 virtuelle Roundtables mit ausgewiesenen Branchenexpertinnen und -experten durchgeführt und dabei wichtige konkrete **Anwendungsfälle von KI in Unternehmen** bewertet im Hinblick auf ihren Reifegrad, ihr Nutzenpotential und die Marktdurchdringung.

Die aktuellen Ergebnisse und Ausblicke stellen wir Ihnen in diesem Buch in den Kapiteln 8 bis 12 vor. Damit haben Sie, liebe Leserinnen und Leser mit den **Trendradaren KI** hochaktuelle Informationen zur Einschätzung relevanter **Handlungsfelder aus Sicht von Unternehmen** in der Hand.

Doch längst wissen wir auch: die Veränderungen, die durch die Digitalisierung unserer Ökonomie im Allgemeinen und KI im Speziellen ausgelöst werden, sind dynamisch. Deshalb haben wir uns dazu entschlossen, Ihnen Digitale Erweiterungen zu diesem Buch verfügbar zu machen. Unter …

**www.trendradar-ki.de**

erfahren Sie laufend mehr über weitere Branchen-Trendradare, erhalten Kontakte in relevante User Groups und Hinweise zu Podcasts und Videos. Mehr dazu erfahren Sie im folgenden Kapitel »Was Ihnen dieses Buch bietet«.

Und: Wenn Sie Fragen haben oder Unterstützung benötigen, damit Ihre Pläne zum Einsatz von KI Erfolg haben: Bitte zögern Sie nicht, und sprechen Sie uns gerne an.

Ihre Trendradar-Autoren

Andreas Klug und Jörg Besier

# Was Ihnen dieses Buch bietet

Die Trendradare KI basieren auf persönlichen Interviews und Experten-Workshops, die wir zwischen Mai 2021 und März 2022 durchgeführt haben. Uns Autoren verbindet neben großer Sympathie und ausreichend spannenden Themen eine ausgeprägte Begeisterung für KI und **was KI aus Unternehmen macht**. Dieses Themenfeld hat uns 2016 im Digitalverband Bitkom zusammengeführt, wo wir über Jahre den Vorstand des Arbeitskreises Artificial Intelligence leiteten. Wenn Sie mehr über unseren Wirkungskreis erfahren möchten, finden Sie am Schluss des Buchs weiterführende Informationen und Links zu unseren Co-Autoren, Unterstützern und natürlich zu uns.

Wir sind ebenso wie alle Expertinnen und Experten, die uns bei der Entwicklung der Trendradare KI unterstützen, überzeugt:

**KI ist die wichtigste technische Innovation des digitalen Wandels.**

Denn KI bietet Lösungen für viele Herausforderungen unserer modernen Welt: von der Modernisierung der Mobilität über die Medizin bis hin zum nachhaltigen Umgang mit Ressourcen und der Vereinfachung unserer Arbeitswelten.

Wir möchten Sie, liebe Leserinnen und Leser, mit dem Trendradaren KI keineswegs zu KI-Nerds machen. Unser Anspruch ist es aber, Ihnen ein Bild zu den persönlichen und beruflichen Perspektiven zu vermitteln – und das ganz konkret aus Ihrer beruflichen Blickrichtung.

Wir haben dieses Buch daher in **4 Abschnitte** aufteilt. Und folgende Fragestellungen werden wir dabei berücksichtigen:

**Teil 1: KI-Hintergrundwissen (Kapitel 1 bis 3)**

- Was KI eigentlich ist: Wir wollen versuchen, Ihnen die Sichtweisen und Besonderheiten auf einfache Weise näher zu bringen.
- Wie und in welchen Schritten KI unsere nahe Zukunft verändert: Über wahrscheinliche Szenarien für Geschäftsmodelle, Branchen und Mitarbeitende.

Wir wollen uns in diesem ersten Abschnitt mit der **industriellen Dimension von KI** auseinandersetzen. Wir ordnen relevante Technologien ein und ziehen dabei Rückschlüsse auf das Nachahmen menschlicher Fähigkeiten bei der Wissensarbeit: das Spüren, Hören und Lesen von Daten, die Fähigkeit der kognitiven Beurteilung (Denken und Lernen) sowie die Fähigkeit zur Entscheidung.

**Teil 2: KI-Crashkurs (Kapitel 4 und 5)**

- Was Sie über KI wissen sollten: Wir erläutern die Funktionsweise und Rolle der relevanten Basistechnologien und Gruppieren die KI-Elemente am Beispiel des Periodensystems der KI.

Wir werden in diesem Abschnitt aufzeigen: Alle relevanten KI-Anwendungsfälle lassen sich aus der Kombination der Elemente eines KI-Periodensystems beschreiben und realisieren.

**Teil 3: KI-Praxis (Kapitel 6 bis 13)**

- Wie KI konkret zum Einsatz kommt: Ein Ausflug in zahlreiche kleine und große Anwendungsszenarien, die kleine und große Veränderungen herbeiführen.
- Wie relevant KI für die Unternehmensbereiche ist: Über unterschiedliche Perspektiven auf relevante Anwendungsfelder aus Sicht des Managements und der Mitarbeitenden in Kundenservice, Marketing, Vertrieb, IT oder Buchhaltung.
- Wie relevant KI aus Sicht unterschiedlicher Branchen ist: Über unterschiedliche Perspektiven auf relevante Anwendungsfelder aus Sicht von Banken, Versicherungen, Energieversorgern und der Gesundheitsbranche.
- Wie Unternehmen KI erfolgreich einführen: Wir schreiben über das Scheitern von Projekten, das Operationalisieren von Erfolgen und geben die entscheidenden Tipps für die Adaption von KI zum Wohle Ihrer Mitarbeitenden und Ihrer Organisationsziele.

In diesem dritten Abschnitt berichten wir von konkreten Anwendungsszenarien in der Praxis. Zunächst stellen wir in Kapitel 6 zahlreiche – zum Teil exotische – Anwendungsfälle und »Hacks« vor und beschreiben ihre Funktion anhand des Periodensystems der KI.

Mit den Kapiteln 7 bis 13 sind wir dann im Zentrum des Buches angelangt: Die Trendradare bieten Ihnen eine umfassende Sicht auf mehr als 50 KI-Anwendungsfälle. Und wir werden aufzeigen, dass in manchen Fällen sogar das Überleben von Unternehmen und Geschäftsmodellen davon abhängt, KI erfolgreich für die eigene Wertschöpfung zu adaptieren.

Der Impact von KI aus Sicht der relevanten Branchen (Kapitel 8 ff.) und Unternehmensbereiche (Kapitel 7) ist unterschiedlich. **Wie stark ist Ihre Organisation betroffen?** Welche Chancen sollten Sie ergreifen? Welche Auswirkungen auf Ihre Mitarbeitenden müssen Sie beachten? Wie kann es Ihnen gelingen, eine positive Perspektive zur Veränderung zu transportieren – eine Renaissance des Arbeitsumfelds zu begünstigen, die in Ihrem Unternehmen und in Ihrer Branche zu einem Benchmark taugt? Für Ihre Kolleginnen und Kollegen, Ihr Management und Ihre Kunden.

In Kapitel 13 geht es uns um nichts weniger als um Ihren Einstieg in eine erfolgreiche Adaption von KI in den kommenden 36 Monaten – und um eine schmerzvolle Erkenntnis: wir wissen von vielen KI-Projekten, die gescheitert sind. Und wir haben die Ursachen intensiv untersucht. Daher gehen wir auf die Hemmnisse bei der erfolgreichen Skalierung von KI-Anwendungen ein, die augenscheinlich erfolgreich, aber nicht immer kompatibel mit der operativen Praxis sind.

### Teil 4: Extra KI-Intensivkurs: Ein Blick in den Maschinenraum

- Was Sie über KI wissen können: Ein Überblick über die wichtigsten Technologien und Schlagworte in der KI.

Für diejenigen unter Ihnen, die es noch genauer wissen wollen, erklären wir zum Abschluss des Buches im Kapitel 14 die wichtigsten Technologien der KI. Aber Achtung. Jetzt wird es etwas technischer. Wir blicken in den Maschinenraum.

### Wo Sie die digitale Erweiterungen zu diesem Buch finden

Die Trendradare sind lebendig. Und KI-Lösungen entwickeln sich in einer atemberaubenden Geschwindigkeit. Wir haben heute Prozessoren, Plattformen und Datenmengen, die das Potential der Algorithmen in der Praxis tatsächlich abrufen können. Das beschleunigt die KI-Entwicklung und lässt kognitive Software erschwinglich werden. Wir sprechen in diesem Kontext gerne von der »Demokratisierung der KI«.

Durch diese Dynamik ändern sich laufend die Perspektiven und Trends. Uns ist daher klar, dass die Trendradare KI in diesem Buch als »Momentaufnahmen« gedacht sind. Die Relevanz und Marktreife ausgewählter Anwendungsfelder kann sich binnen Jahresfrist verändern. Daher haben wir ein Portal geschaffen, auf dem Sie sich laufend über Aktualisierungen der Trendradare informieren können:

**www.trendradar-ki.de**

Hier werden wir den nächsten Trendradar KI »Energieversorger« veröffentlichen, der das Kapitel 12 dieses Buches in Kürze vervollständigen wird. Wir empfehlen Ihnen daher, sich für den **Trendradar-Newsletter** einzutragen und unserer **Trendradar Gruppe** auf LinkedIn zu folgen.

Starten wir nun mit einer Einführung in KI und dem Versuch einer Definition.

# Teil 1: KI – Basiswissen

# 1 Was Künstliche Intelligenz ist – eine nützliche Definition

Sie werden es geahnt haben: Es gibt selbstverständlich keine einheitliche Definition von KI. Das liegt allein schon daran, dass es keine einheitliche Definition von »Intelligenz« gibt. Und die Diskussion dazu ist älter als die KI und wird bis heute sehr engagiert geführt.

Dennoch versuchen wir im Folgenden eine Definition, da wir verstehen wollen, wie KI in einem Unternehmen zur Wertstiftung eingesetzt werden kann. Unsere Definition hat also eine klare Maßgabe, sie soll für unsere Zwecke nützlich sein.

> **Nützliche Definition von KI**                                              !
>
> - Definition, Teil 1: Eine Künstliche Intelligenz (KI) ist eine Maschine, die Aufgaben übernehmen kann, die bisher nur der Mensch übernehmen konnte.
> - Definition, Teil 2: Eine Künstliche Intelligenz kann zielgerichtet in einer Umgebung operieren, über die kein vollständiges Wissen vorliegt.[1]

Im ersten Teil dieser Definition machen wir bewusst den Menschen zum Maßstab, was gerade auch für den Einsatz von KI in Unternehmen relevant ist. Die Frage lautet: Welche **Aufgaben**, die bisher im Unternehmen von Menschen übernommen wurden, können in Zukunft von Maschinen ausgeführt werden?

Der zweite Teil der Definition öffnet zusätzlich die Tür für »übermenschliche« Aufgaben. Hier stellt sich die Frage: Welche **Fähigkeiten** kann eine KI ins Unternehmen einbringen, die selbst Menschen nicht haben?

Die »Maschine« aus unserer Definition ist in den allermeisten Fällen eine Software. Sie läuft vorzugsweise in der Cloud, manchmal auch auf ihrem Handy oder Laptop. Und immer häufiger ist sie auch Teil eines Gerätes, das kein Computer ist. Das kann z. B. ein Fahrzeug sein oder ein Haushaltsroboter. Sie werden sich jetzt vielleicht fragen: »Übernimmt eine Software nicht immer Aufgaben, die bisher ein Mensch übernommen hat? Was ist der Unterschied zwischen einer künstlichen Intelligenz und normaler Software?«

---

1   Vgl. Wang, Pei: On Defining Artificial Intelligence, in: Journal of Artificial General Intelligence, Bd. 10, Nr. 2, 2019, doi:10.2478/jagi-2019-0002.

Bei der Beantwortung dieser Fragen, hilft der zweite Teil unserer Definition:

Herkömmliche Software basiert auf Anforderungen, die zuvor klar umrissen wurden. Erreicht nun eine Anforderung die Software, trifft sie entsprechend der Vorgaben eine Entscheidung. Diese Entscheidung lautet immer schwarz oder weiß, **0 oder 1**. Ist eine Situation nicht in den vordefinierten Regeln enthalten, kann die Software keine Entscheidung treffen.

Bei KI ist das anders. **KI kann mit Ungewissheit umgehen**. Für eine KI ist nicht jede Entscheidung 0 oder 1, bzw. schwarz oder weiß. KI kann ebenso Grautöne verarbeiten.

Beispiel: Während bei einem Tabellenkalkulationsprogramm alle ausführbaren Berechnungen während der Programmierung festgelegt werden, kann man für einen Chatbot nicht alle Fragesituationen vorab beschreiben, in denen der Bot sinnvolle (und richtige) Antworten geben soll. Stattdessen kennt der Chatbot die Regeln einer Sprache und verfügt über ein großes Reservoir an Begriffen, über die er Bescheid weiß. Zusätzlich lernt er anhand von Beispielen zu erkennen, welche Absicht ein Mensch haben könnte (Intent Prediction), wenn er die ersten Worte mit dem Chatbot wechselt.

An keiner Stelle findet sich in seinem Programm aber eine Liste aller möglichen Fragen und dafür vorgegebene Antworten. Das wären Tausende. Und wenn doch, dann hätte dieser Chatbot mit KI rein gar nichts gemein: Denn der Bot würde auf traditioneller, regelbasierter Programmierung basieren.

# 2 Eine kurze Geschichte der Künstlichen Intelligenz

Schon seit der Erfindung der ersten Rechenmaschinen beschäftigten sich die Menschen mit der Frage, ob Maschinen menschliche Denkmuster nachbilden können. Alan Turing hat dazu 1947 auf einem Symposium in Manchester die Frage formuliert: **»Können Maschinen denken?«** Dazu veröffentlichte er 1950 ein Paper[1] in dem er über »Learning Machines« und das »Imitation Game« berichtete. Er begründete damit ein Verfahren, das heute unter dem Begriff »Turing Test« bekannt ist. Turing war davon überzeugt, dass eine menschenähnliche Intelligenz viel zu komplex sei, als dass ein Mensch sie direkt programmieren könne. Daher schlug er vor, eine »Child Machine« zu bauen und ihr einfache Regeln mitzugeben. Aus dieser Maschine könne sich durch Lernen erwachsene Intelligenz entwickeln.

Der richtige Startschuss kam aber vom Informatiker John McCarthy. McCarthy veranstaltete 1956 das legendäre »Dartmouth Summer Research Project on Artificial Intelligence«. Hier wurde das erste Mal der Begriff verwendet, der sich bis heute so eindringlich gehalten hat: **Artificial Intelligence, Künstliche Intelligenz.**

Mit folgenden Worten hat McCarthy das Vorhaben für seine Geldgeber in der Rockefeller Foundation beschrieben: »Die Studie geht von der Vermutung aus, dass jeder Aspekt des Lernens oder jedes andere Merkmal der Intelligenz im Prinzip so genau beschrieben werden kann, dass eine Maschine in die Lage versetzt werden kann, ihn zu simulieren. Es wird versucht, herauszufinden, wie man Maschinen dazu bringen kann, Sprache zu benutzen, Abstraktionen und Konzepte zu bilden, die Arten von Problemen zu lösen, die heute dem Menschen vorbehalten sind, und sich selbst zu verbessern.«[2]

McCarthy und seine Mitstreiter, Marvin Minsky, Nathaniel Rochester und Claude Shannon hofften damals, dass sie im Sommer 1956 mit zehn sorgfältig ausgewählten Wissenschaftlern innerhalb von zwei Monaten wesentliche Fortschritte machen würden. Es dauerte aber länger. Sehr viel länger. Künstliche Intelligenz hat seitdem eine spannende Geschichte mit etlichen Höhen und Tiefen hinter sich, die in vielen Veröffentlichungen nachgelesen werden kann.

---

1    A. M. TURING, I.—COMPUTING MACHINERY AND INTELLIGENCE, Mind, Volume LIX, Issue 236, October 1950, Pages 433–460, https://doi.org/10.1093/mind/LIX.236.433
2    Vgl: McCarthy, J., Minsky, M. L., Rochester, N., & Shannon, C. E. (2006). A Proposal for the Dartmouth Summer Research Project on Artificial Intelligence, August 31, 1955. AI Magazine, 27(4), 12. https://doi.org/10.1609/aimag.v27i4.1904

Heute – 66 Jahre sind seitdem vergangen – arbeiten viele tausend Wissenschaftler:innen in den Bereichen Forschung und Entwicklung von KI und erzielen dabei fast täglich erstaunliche Erfolge. In vielen Bereichen hat die KI menschliche Fähigkeiten längst erreicht oder sogar übertroffen. Aber in mindestens genauso vielen Bereichen gibt es noch jede Menge offene Fragen und drängende Probleme. Deutschland hat sich erst sehr viel später in die Diskussion eingeschaltet. Hierzulande wurde erst 19 Jahre später (nämlich 1975) die erste Konferenz zu KI abgehalten.[3] Seitdem spielen deutsche Wissenschaftler aber auf globalem Spitzenniveau und waren an vielen wichtigen Entdeckungen beteiligt.

---

3   Konrad, E. (1998). Zur Geschichte der Künstlichen Intelligenz in der Bundesrepublik Deutschland. In: Siefkes, D., Eulenhöfer, P., Stach, H., Städtler, K. (eds) Sozialgeschichte der Informatik. Studien zur Wissenschafts- und Technikforschung. Deutscher Universitätsverlag, Wiesbaden. https://doi.org/10.1007/978-3-663-08954-4_17

# 3 Für Strategen: Warum KI die wichtigste technische Innovation des digitalen Wandels ist

Schon heute können wir behaupten, dass die Durchdringung unserer Ökonomie mit Künstlicher Intelligenz die Phase der Digitalisierung zu Beginn des 21. Jahrhunderts maßgeblich bestimmt. Keine Entwicklung unserer modernen Gesellschaft wird einen so deutlichen Abdruck hinterlassen wie KI.

## 3.1 Relevanz: Was KI für Unternehmen bedeutet

Warum kann sich kein Unternehmen dem Einfluss von KI entziehen? Der Grund ist einfach: KI kann unglaublich große Mengen von Eindrücken – damit sind alle Arten von Daten gemeint – innerhalb kürzester Zeit in Bezug auf komplexe Fragestellungen analysieren und bewerten.

Sicher: Auch viele andere bedeutsame Entwicklungen treiben die Digitalisierung voran. Nehmen wir das Internet der Dinge (Internet-of-things oder IoT) als Beispiel: IoT ermöglicht die Verschmelzung der physischen mit der digitalen Welt. IoT wird uns helfen, Wertschöpfungsketten sichtbar, planbar und steuerbar zu machen. Und so werden wir Lieferketten optimieren, Produkte verbessern und drängenden Herausforderungen wie dem Klimawandel oder unserer Mobilität begegnen können.

Aber: Letzten Endes liefert auch IoT »nur« Daten.

**Erst KI macht Sinn aus Daten**
Daher ist KI für alle Unternehmen relevant. Erst durch den Einsatz von KI werden aus den Daten verwertbare Informationen. Erst KI macht Sinn aus Daten, kann Entscheidungen treffen, Wahrscheinlichkeiten schätzen und Risiken minimieren.

Wie schon in Kapitel 1 erwähnt, sind all das Aufgaben, die bisher in Unternehmen von Menschen übernommen werden und die in Zukunft von Maschinen erledigt werden können. Daher haben wir uns genauer angeschaut, welche Wertbeiträge der Mitarbeitenden in einem Unternehmen denn genau von KI ersetzt werden können. Dabei stellte sich schnell heraus, dass wir diese Wertbeträge in zwei Gruppen einteilen können:

- **kognitive Wertbeiträge**, in denen Menschen primär ihre kognitiven Fähigkeiten (z. B. Analyse von Informationen und Treffen von Entscheidungen) einsetzen

- **emotionale Wertbeiträge**, in denen Menschen primär ihre emotionalen, sozialen und kreativen Fähigkeiten (z. B. Führung von Teams und das Generieren von neuartigen Ideen) einsetzen

Unsere Hypothese für dieses Buch ist, dass KI in der näheren Zukunft alle kognitiven Wertbeiträge von Menschen in Unternehmen potenziell wird ersetzen können, während die meisten emotionalen Wertbeiträge auch in Zukunft weiterhin von Menschen geliefert werden.[1]

### 3.1.1   Kognitive Wertbeiträge durch KI verbessern oder ersetzen

Was bedeutet es für Ihr Unternehmen, wenn alle kognitiven Wertbeiträge von Mitarbeitenden durch KI verbessert oder ersetzt werden?

Um diese Fragestellung zu bewerten, müssen wir einschätzen, wie wichtig der emotionale Wertbeitrag für unsere Arbeit, das Unternehmen und die Branche ist.
- Ist der emotionale Wertbeitrag unwichtig, dann sind Sie und Ihr Umfeld stark betroffen.
- Ist er wichtig, dann haben sie noch etwas Zeit. Da Sie aber am Ende auch betroffen sein werden, sollten Sie sich dem Thema – mit weniger Zeitdruck – ebenfalls nähern.

**Branchen mit niedrigem und hohem emotionalen Wertbeitrag**
1. Branchen, in denen der emotionale Wertbeitrag eine entscheidende Rolle spielt, sind z. B.: Unterhaltung, Kunst und Musik, Gastronomie, Touristik, Sport, Mode, Handel.
2. Branchen, in denen Tätigkeiten mit kognitiven Wertbeitrag im Vordergrund stehen, sind z. B.: Automobilindustrie, Maschinenbau, Chemie und Pharmazie, Nahrungsmittel, Elektronik.

Und zu dieser zweiten Gruppe gehören die 5 größten Branchen in Deutschland: Fast 1,2 Billionen EUR Umsatz haben deutsche Unternehmen im Jahr 2019 in diesen Branchen gemacht[2]. Das sind mehr als 30 Prozent der Gesamtwirtschaftsleistung in Deutschland.

---

1   Wir erläutern das Thema in Kapitel 4 ausführlich
2   Vgl. Reichert, Katharina: Die 5 umsatzstärksten Branchen in Deutschland, in: IG, 10.12.2020, https://www.ig.com/de/trading-strategien/umsatzstaerkste-branchen-in-deutschland-190312 (abgerufen am 06.06.2022).

Dazu kommen die Dienstleistungsbereiche mit hohem kognitivem Wertbeitrag: IT, Unternehmensdienstleister, Grundstücks- und Wohnungswesen, Finanzdienstleister. Das sind noch einmal ca. 30 Prozent. Das führt uns zu der Annahme:

**Deutsche Unternehmen sind besonders betroffen, wenn es um die Technisierung des »Alltagskönnens« ihrer Mitarbeitenden geht.**

### 3.1.2   Informationen zum Stand in der deutschen Wirtschaft

Vor diesem Hintergrund verwundert es, dass sich nur so wenige Unternehmen um KI kümmern. Denn 6 von 10 Unternehmen setzen sich nicht mit den möglichen Auswirkungen des KI-Einsatzes in Ihrer Organisation und Branche auseinander. Dies schlussfolgern wir aus der repräsentativen Umfrage des Bitkom.

Seit 2018 befragt der Digitalverband jedes Jahr 600 Unternehmen mit mehr als 20 Mitarbeitern nach der Planung bzw. Nutzung von KI-Lösungen innerhalb ihrer Organisation. Zwar geben mehr als 60 Prozent der Unternehmen dabei an, dass Sie KI als »wichtige Zukunftstechnologie« sehen. Aber lediglich 8 Prozent der befragten Unternehmen melden zurück, dass bereits KI-Anwendungen eingesetzt werden. Und nur 30 Prozent der Unternehmen planen den Einsatz von KI-Anwendungen.

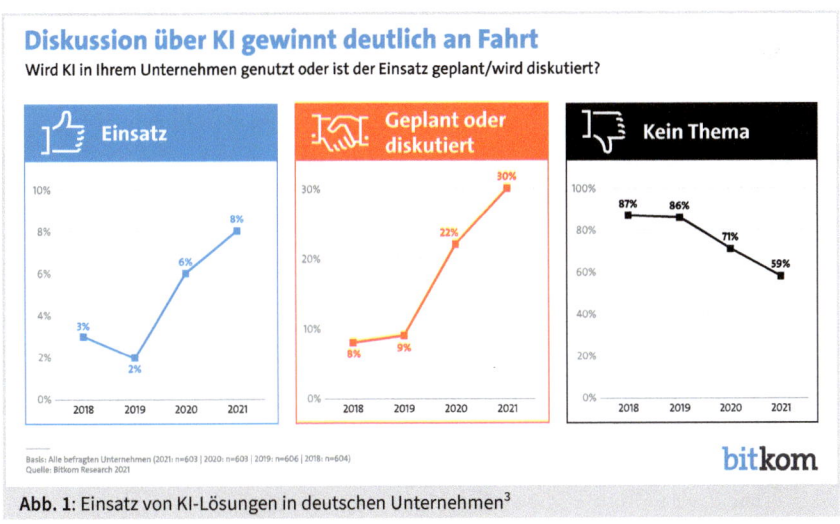

**Abb. 1:** Einsatz von KI-Lösungen in deutschen Unternehmen[3]

---

3   Bitkom e.V.: Künstliche Intelligenz kommt in Unternehmen allmählich voran, in: Bitkom e.V., 21.04.2021, https://www.bitkom.org/Presse/Presseinformation/Kuenstliche-Intelligenz-kommt-in-Unternehmen-allmaehlich-voran (abgerufen am 29.05.2022).

### 3.1.3   Was den Einsatz von KI in deutschen Unternehmen erschwert

Auf den ersten Blick scheint die geringe Beschäftigung mit KI als Zukunftstechnologie eher pragmatische Ursachen zu haben. Denn die 354 Unternehmen, die sich derzeit nicht mit KI-Anwendungsfeldern auseinandersetzen, nennen in erster Linie fehlende personelle, finanzielle und zeitliche Ressourcen als Hinderungsgründe.

**Abb. 2:** Gründe, warum Unternehmen sich noch nicht mit KI beschäftigen[4]

Auf den zweiten Blick wird jedoch erkennbar, dass die zaghafte Beschäftigung mit KI vor allen Dingen politische und kulturelle Ursachen hat.

Das wird zum einen deutlich an dem hohen Anteil jener Unternehmen, die abwarten, »wo der KI-Einsatz sinnvoll erscheint«. Diese Zurückhaltung mag aus Sicht kleinerer Unternehmen gerechtfertigt sein. Aus Sicht größerer Unternehmen können aber auch **mangelnde Sachkenntnis** und fehlende »Neugier« das Hemmnis sein.

Aber auch in anscheinend technologiefernen Bereichen wie beispielsweise Pflege, Baustoffhandel und produzierendem Gewerbe wird KI und der Umgang mit datengetriebenen Entscheidungen schon in wenigen Jahren wirtschaftliche Vorteile bringen, die entscheidend für die Wettbewerbsfähigkeit sein können.

---

4    Bitkom e. V., 2021.

Zum anderen scheitern Unternehmen in der Praxis an der **Operationalisierung von KI**. So gelingt es in vielen Fällen zwar, erfolgreiche Pilotanwendungen zu entwickeln. Dann scheitern Unternehmen aber dabei, diese Anwendungen im laufenden Betrieb erfolgreich zum Einsatz zu bringen. In Kapitel 13.1.3 »Warum KI-Projekte scheitern« werden wir uns mit diesem Phänomen noch eingehender beschäftigen. Wir sprechen dabei von der »fehlenden Skalierung« erfolgreicher Ansätze.

Wir Autoren haben zudem den Eindruck gewonnen, dass die wahren Gründe für die Zurückhaltung häufig noch woanders liegen. Neben dem **Fachkräftemangel** fehlt es in vielen Unternehmen am Verständnis für die Potentiale der Technologie – und häufig schlicht an der unternehmerischen Priorität. An den fehlenden Fachkräften können wir nichts tun. Aber mit diesem Buch wollen wir einen Beitrag zum besseren Verständnis relevanter KI-Einsatzfelder leisten und hoffen damit auch die unternehmerische Priorität des Themas zu forcieren.

> Fehlende Datenkultur, Rechtssicherheit und Methoden für einen erfolgreichen Transfer von KI-Anwendungen hin zu einer Operationalisierung sind die größten Hemmnisse aus Sicht von Unternehmen.

### 3.1.4 Welche Chancen wir uns durch die Zurückhaltung gegenüber KI nehmen

Wir stehen inmitten des Europäischen Wirtschaftsraumes bei der erfolgreichen Digitalisierung unserer Ökonomie im globalen Wettbewerb mit den USA und China. In der Vergangenheit war die deutsche Wirtschaft erfolgreich in der Lage, gegenüber diesen Wirtschaftsräumen Produktivitätsvorteile zu erzielen. Auch heute könnten wir diese nutzen: 46 Prozent der KI-Anwendungen, die in deutschen Unternehmen zum Einsatz kommen, stammen auch aus Deutschland[5].

Trotz der Überlegenheit von Google, Microsoft, Amazon Web Services und vergleichbaren Unternehmen: EU-weite Bestrebungen zur **Wahrung der Europäischen Datensouveränität** lassen uns hoffen, dass wir im Wettlauf um die »Digitale Ökonomie der Zukunft« durchaus wettbewerbsfähig sein können. Wir müssen die Chancen aber auch nutzen.

---

5    Bitkom e. V., 2021.

## 3.2   Perspektiven: Wo KI einen Unterschied machen wird

Wussten Sie, dass Frauen einst die Informatik regierten? Oder zumindest das, was wir vor über 100 Jahren unter »Informatik« verstanden haben. Der Begriff »Computer« war in England schon im 19. Jahrhundert eine Berufsbezeichnung für jene Hilfskräfte, die wiederkehrende Berechnungen aus Ballistik und Astronomie im Auftrag von Mathematikern mithilfe von Tabellen und Logarithmen-Tafeln durchführten.[6] Und tatsächlich waren es bis in die 1950er-Jahre in erster Linie Frauen, die Dateneingaben und Berechnungen an Computern vorgenommen haben. Heute sind in den USA und Europa nicht einmal 20 Prozent der Informatikstudenten Frauen. In Indien sind es über 40 Prozent.

Aber zurück zum Beruf des »Computers«: Wie so viele Berufsbilder ist dieser Beruf heute verschwunden.

Die meisten Berufe aber fallen seit jeher der fortschreitenden Technisierung der Ökonomie zum Opfer – wie die Berufsbilder Schriftsetzer, Drahtzieher oder Eismann. Dafür kommen laufend neue hinzu. Das prominente Beispiel des KFZ-Mechatronikers in den späten 1990er-Jahren weist die Richtung: der rückläufige Einsatz mechanischer und die steigende Verwendung elektronischer Bauteile hat in Fahrzeugbau und -wartung zu Änderungen an den ausgebildeten Berufsfeldern geführt.

Diese Beobachtung machen wir heute erneut durch den zunehmenden Einfluss lernender Assistenzsysteme. Sie basieren – mehr oder weniger stark – auf KI. Sie erfassen und technisieren den kognitiven Wertbeitrag (siehe Kapitel 4) von Menschen bei der Berufsausübung. Und sie werden zwangsläufig dazu führen, dass wir Berufe verlieren werden.

Schon 2013 stellten die Ökonomen Carl Frey und Michael Osborne die bis heute bekannteste zukunftsgerichtete Studie zum Verlust von Berufsbildern vor. Sie kamen zum Ergebnis, dass in den USA 47 Prozent der Arbeitsplätze bedroht seien.[7]

Es wäre nun zu einfach, den drohenden Wegfall klassischer Berufsfelder durch KI allein auf Fernfahrer, Datenerfasser und Sachbearbeiter zu beschränken. Denn künftig werden auch Banker, Mediziner und Juristen mit KI-assistierten Systemen zusammenarbeiten. Auch wenn diese häufig akademischen Berufsgruppen sich aufgrund ihrer

---

6   Vgl. DeWiki > Computer: in: DeWiki, o. D., https://dewiki.de/Lexikon/Computer (abgerufen am 29.05.2022).
7   Carl Benedikt Frey, Michael A. Osborne, The future of employment: How susceptible are jobs to computerisation?, Technological Forecasting and Social Change, Volume 114, 2017, Pages 254-280, https://doi.org/10.1016/j.techfore.2016.08.019 .

Spezialisierung für »kaum ersetzbar« gehalten haben, werden Teile ihres kognitiven Wertbeitrags künftig von Maschinen erbracht.

Wo auf Basis von komplexen Mustern und Datenstrukturen Lösungen gesucht werden, sind Algorithmen effizienter als Menschen.

Aus der Perspektive der Unternehmensleitung stellt sich also nicht allein die Frage: Welche Berufsfelder werden durch KI abgelöst? Sondern auch: Welche Art von Mikroprozessen (also Teilaufgaben) wird KI für bestimmte Berufsbilder übernehmen? Das Eisen mag ja von der Maschine geschmiedet werden, aber der Mensch prüft vielleicht per Sicht noch die Qualität der Legierung? Die Termine und die Teamplanung übernimmt vielleicht eine Workforce-Planning-Software, aber der Austausch findet immer noch zwischen den Mitarbeitenden statt.

## 3.3 Voraussetzung: Daten und Vertrauen

Um uns der Frage zu nähern, welche Berufsfelder und Teilaufgaben durch Technisierung ersetzt werden, wollen wir uns nun im Folgenden mit der Bedeutung der Daten auseinandersetzen.

### 3.3.1 Daten sind der Treibstoff für KI-Systeme

Viele der heute erfolgreichen KI-Verfahren – wie z. B. Deep Learning – brauchen extrem viele Daten, damit sie das gewünschte Wissen erlernen können. Und mit »extrem viele« meinen wir mehrere Tausend oder sogar Millionen Datensätze für ein einziges Modell. Diese Daten müssen sehr häufig schon vorab von Expertinnen und Experten klassifiziert werden. Damit ist die Frage nach den Daten eine der ersten, die Sie sich stellen müssen, wenn Sie einen KI-Anwendungsfall für Ihr Unternehmen aussuchen: Haben Sie die benötigten Daten oder können Sie sie zu vernünftigen Kosten besorgen?

#### Wenn Daten das neue Öl sind, wo sind dann die Ölquellen?

Der Wert von Daten für die zukünftige Ökonomie lässt sich gut mit dem Wert des Erdöls für den Verbrennungsmotor vergleichen. Damit Verbrennungsmotoren erfolgreich eingesetzt werden können, braucht man Zugang zu Ölquellen. Das hat Clive Humby, einen der Gründer der bekannten Konsumforschungsfirma Dunnhumby, wohl auch zu dem Spruch »Daten sind das neue Öl« inspiriert.

### 3.3.2 Datenquellen innerhalb des Unternehmens

Oft sind die Daten schon in ihrem Unternehmen vorhanden: So speichern z. B. optische Qualitätssicherungssysteme in der Produktion heute oft schon digital ihre Bilder zusammen mit den Bewertungen von menschlichen Experten. Auch Contact Center zeichnen Kundenanfragen zur Qualitätssicherung auf und bewerten regelmäßig die Ergebnisse der Anrufe. Natürlich finden Sie auch jede Menge Daten über Interessenten und Kunden einerseits und ihre Produkte andererseits auf ihren Websites und eCommerce-Plattformen. Interne Systeme sind also ein gutes »Schürfgebiet« für KI-wertige Daten.

**Vorteil**
Das Gute ist: Diese Daten gehören Ihnen schon.

**Herausforderungen**
- Allerdings sollten Sie mit personenbezogenen Daten vorsichtig sein. Es gibt große Einschränkungen bei ihrer Verwendung. Das schauen wir uns in diesem Kapitel später noch genauer an.
- Außerdem sind die Daten oft in verschiedenen Systemen verstreut und müssen erst integriert werden. Das kann mit erheblichen Kosten verbunden sein.
- Oder die Menge der Beispiele für interessante Fälle ist einfach zu gering für das benötigte Lernverfahren.

**Datenqualität bestimmt die Qualität eines KI-Systems sehr viel mehr als die Leistungsfähigkeit der verwendeten Algorithmen**

### 3.3.3 Qualität der internen Daten

Aber nehmen wir an, die oben genannten Herausforderungen sind schon gelöst. Dann kommt es immer noch auf die Qualität der Daten an. KI-Systeme sind bekannt dafür, dass sie sehr empfindlich auf Schwankungen in der Datenqualität reagieren. Das ist vor allem für die Labels relevant, die Ihre Experten den Trainingsdaten als Beispiele mitgeben. Sind z. B. die Bilder von fehlerhaften Teilen in der Produktion zu 20 Prozent nicht korrekt kategorisiert, dann wird Ihr KI-System auch keine akzeptable Lernergebnisse zeigen.

Und leider passiert das oft mit den Labels, die nicht speziell zum Training von KI-Systemen angefertigt wurden, sondern die schon in der Vergangenheit zu anderen Zwecken, z. B. zur Dokumentation eines regulatorisch vorgegebenen Qualitätsstandards erfasst wurden. Beispiele zeigen, dass eine schlechte Performance eines KI-Systems sehr viel leichter durch bessere Datenqualität als durch leistungsfähigere Lernverfahren gesteigert werden kann[8].

### 3.3.4 Datenquellen außerhalb des Unternehmens

**Vertrauen kann man nicht kaufen, es muss einem geschenkt werden**

Die eigentlich spannenden Datenquellen liegen aber für viele Anwendungen außerhalb Ihres Unternehmens. Das sind nämlich jene Daten, die Ihre Kunden bei der Verwendung Ihrer Produkte und Dienstleistungen erzeugen. Sie wollen ein KI-System bauen, das die Downtime Ihrer Geräte beim Kunden zuverlässig vorhersagen kann und rechtzeitig den Techniker mit den richtigen Ersatzteilen im Gepäck zum Kunden schickt und damit längere Ausfallzeiten minimiert? Da kann KI sehr wahrscheinlich helfen. Aber dazu müssen Sie Daten Ihrer Maschinen im Realbetrieb bei Kunden unter möglichst vielen verschiedenen Bedingungen sammeln. Und diese Daten gehören Ihnen nicht. Sie müssen also mit Kunden vereinbaren, diese Daten zu nutzen, und dazu müssen diese Kunden Ihnen ihr Vertrauen schenken.

Oder sie wollen einen radiologisches Befundungssystem auf den Markt bringen, das Radiologen selbständig auf Nebenbefunde hinweist, die nicht im Zentrum der Diagnose stehen (z. B. dass der Lungenkrebspatient neben dem Befund zusätzlich einen gebrochenen Brustwirbel hat). Auch hier kann man KI einsetzen. Aber für das Training eines solchen Systems brauchen Sie jede Menge Beispiele für solche Befunde und auch auf die haben sie keinen direkten Zugriff. Die kann Ihnen nicht mal Ihr Kunde (z. B. eine Klinik) einfach zur Verfügung stellen, denn die gehören nämlich den Kunden des Kunden, sprich den Patientinnen und Patienten. Und diese müssen der Verwendung ihrer Daten für die Entwicklung einer KI für ein neues Produkt natürlich zustimmen. Diese Zustimmung ist in Europa und vielen anderen Ländern der Welt für personenbezogene Daten gesetzlich vorgeschrieben (z. B. durch die DSGVO).

**Vertrauen durch Transparenz**
In all den interessanten Fällen, in denen Ihnen die Daten nicht gehören, müssen Sie also das Vertrauen des Datenbesitzers gewinnen. Und das schaffen Sie am besten durch **schonungslose Transparenz**. Transparenz darüber, was Sie genau mit den Daten machen und welchen Wert Sie sich für Ihr Unternehmen (aber auch für den Datenbesitzer) davon versprechen.

---

8    Vgl. Data-Centric AI, in: Landing AI, 10.12.2021, https://landing.ai/data-centric-ai/ (abgerufen am 06.06.2022).

Oft sind Datenbesitzer direkt oder indirekt Nutznießer des neuen KI-verbesserten Produktes. Das gilt u. a. dann, wenn Sie Ihre Lieblings-Playlist teilen, und gleichzeitig profitieren Sie von den Vorschlägen der KI, die die Playlists ähnlicher Nutzer für neue Vorschläge verwendet. Natürlich sollten Sie (als KI-Anbieter) dem Datenbesitzer eine sinnvolle Kontrolle über seine Daten geben. Z. B. sollte es ganz leicht für ihn sein, seine Zustimmung zur Verwendung der Daten zurückzuziehen. Natürlich auch und gerade dann, wenn das nicht gesetzlich vorgeschrieben ist. All diese Maßnahmen schaffen nämlich Vertrauen.

## 3.4 Auswirkungen: So verändert KI die Regeln

KI verleiht wenigen, dafür sehr großen globalen Anbietern einen enormen Einfluss auf weite Teile der Gesellschaft. Und das ist ein Problem: Wenn wir etwas suchen, dann fragen wir global in 92 Prozent der Fälle Google[9]. Wir haben uns so sehr daran gewöhnt, dass das Wort »googeln« offiziell im Duden steht. Wenn wir online einkaufen, dann gehen 53 Prozent der Umsätze in Deutschland an Amazon[10]. Und bei den TV-Streaming-Diensten gehen 71 Prozent des Marktes in Deutschland an Netflix, Amazon und Disney[11]. Zudem dominieren Twitter und Meta mit ihren Produkten die sozialen Netzwerke.

### 3.4.1  Große Datenmengen geben Macht und Einfluss

All diese Dienste sammeln sehr viele Daten über Privatpersonen und nutzen KI, um damit ihre Dienstleistungen zu verbessern. Das kommt zwar auch Kunden zugute, aber auch den eigenen Umsätzen. Das wiederum fördert nicht in allen Fällen das Wohl der Kunden und noch viel weniger das der kleineren Mitbewerber. Die **Konzentration** dieser großen Datenmengen in wenigen Firmen führt zu einem extrem großen Einfluss der Firmen auf ihren jeweiligen Markt und ihre Kunden. Viele meinen, dass der Einfluss viel zu groß sei.

Daher haben Regulatoren in vielen Ländern bereits begonnen, Unternehmen enge Beschränkungen bei der Nutzung von personenbezogenen Daten aufzuerlegen. Die

---

9   Vgl. Search Engine Market Share Worldwide | Statcounter Global Stats: in: StatCounter Global Stats, o. D., https://gs.statcounter.com/search-engine-market-share/all/worldwide/2021 (abgerufen am 05.06.2022).
10  Vgl. Janson, Matthias: Amazon baut Macht im Einzelhandel aus, in: Statista Infografiken, 21.05.2021, https://de.statista.com/infografik/22272/anteil-von-amazon-an-den-einzelhandelsumsaetzen-in-deutschland / (abgerufen am 05.06.2022).
11  Vgl. US-Riesen teilen sich den deutschen Streaming-Markt auf: in: ADZINE – Magazin für Online Marketing, o. D., https://www.adzine.de/2021/10/us-riesen-teilen-sich-den-deutschen-streaming-markt-auf/#:%7E:text=Anhand%20von%20Nutzerinteraktionen%20auf%20der,Video%20auf%20dem%20zweiten%20Platz (abgerufen am 05.06.2022).

Europäische Union war mit der **Datenschutz-Grundverordnung** (DSGVO) die erste große Staatengemeinschaft, die für ihren Wirtschaftsraum enge Regeln zur Nutzung von personenbezogenen Daten in ein Gesetz gegossen und mit empfindlichen Strafen belegt hat. Und die Europäische Union war nicht zimperlich: Allein im dritten Quartal 2021 sind fast 1 Milliarde Euro Strafen verhängt worden, davon allein 746 Millionen an Amazon[12]. Und hier geht es nur um die generelle Nutzung der personenbezogenen Daten.

### 3.4.2   Qualitätsstandards für KI-Systeme: AI Act und Digital Services Act

Den Regulatoren ist nicht verborgen geblieben, dass KI das Potenzial hat, die Meinung von Menschen zu beeinflussen, egal ob es um Kaufentscheidungen oder die Wahl des nächsten Staatsoberhauptes geht. Und zumindest in der Europäischen Union haben sie begonnen zu handeln: Der **Artificial Intelligence Act (AI Act)**[13], den die EU aktuell im Gesetzgebungsprozess hat, fordert – ähnlich wie z. B. bei Medizinprodukten – hohe Qualitätsstandards für KI-Systeme ein, vor allem wenn sie ein hohes Risiko für Anwender darstellen. Einige Einsatzgebiete wie die »unterschwelligen Praktiken«, mit denen Menschen unbewusst so beeinflusst werden, dass sie physischen oder psychischen Schaden nehmen, sind sogar explizit verboten. Und auch hier werden sehr empfindliche Strafen angedroht.

Einen ähnlichen Weg geht der **Digital Services Act**[14][15], den die Europäische Union ebenfalls auf den Weg gebracht hat. In ihm fordert die Europäische Union z. B. eine Transparenzpflicht bei Empfehlungsalgorithmen für sehr große Onlineplattformen und ein Recht auf anonyme Nutzung und Bezahlung digitaler Dienste. Insbesondere die letzte Forderung erteilt allen digitalen Geschäftsmodellen eine Absage, die von ihren Kunden als Gegenleistung für ihre Services eine umfassendes Tracking zu Profilbildung verlangen und keine Alternative ohne Tracking anbieten.

**Nicht Maschinen sind ethisch,
sondern die Menschen, die sie benutzen.**

---

12   Vgl. Krempl, Stefan: Steiler Anstieg: DSGVO-Strafen erreichten im 3. Quartal fast 1 Milliarde Euro, in: heise online, 05.10.2021, https://www.heise.de/news/Steiler-Anstieg-DSGVO-Strafen-erreichten-im-3-Quartal-fast-1-Milliarde-Euro-6209446.html (abgerufen am 05.06.2022).

13   Vgl. Document 52021PC0206: GESETZ ÜBER KÜNSTLICHE INTELLIGENZ: in: EUR-Lex, 21.04.2021, https://eur-lex.europa.eu/legal-content/DE/TXT/?uri=CELEX%3A52021PC0206 (abgerufen am 05.06.2022).

14   Vgl. Document 52020PC0825: Gesetz über digitale Dienste: in: EUR-Lex, 202–12-15, https://eur-lex.europa.eu/legal-content/de/TXT/?uri=COM:2020:825:FIN (abgerufen am 05.06.2022).

15   Vgl. EU-Parlament beschließt Position zum Digital Services Act: in: beck-aktuell, 21.01.2022, https://rsw.beck.de/aktuell/daily/meldung/detail/eu-parlament-beschliesst-position-zum-gesetz-ueber-digitale-dienste (abgerufen am 05.06.2022).

Als Reaktion auf diese neuen Regularien, sind viele Unternehmen verunsichert, ob und wie sie KI einsetzen können, ohne gegen Gesetze zu verstoßen oder bei Ihren Kunden in Verruf zu geraten. Und in vielen Fälle tun sie dann lieber nichts. Das ist auch ein Problem, denn damit laufen diese Unternehmen Gefahr, den Anschluss an die internationale Spitze in ihrer Branche zu verlieren.

### 3.4.3   Regulierung als Schutz der Marktposition begreifen

Wir schlagen daher folgenden Blickwinkel auf das Thema Regulierung vor: Sehen Sie die bestehenden und kommenden Verordnungen der Europäischen Union als Schutz Ihrer Marktposition als »Good Actor«.

Wenn Sie nicht nur die Gesetze einhalten, sondern darüber hinaus mit den Ihnen anvertrauten Daten sehr sorgfältig umgehen und ein hohes Maß an Transparenz walten lassen, sorgen diese Gesetze dafür, dass Sie dadurch nicht ins Hintertreffen gegenüber Marktteilnehmern geraten, die nicht so hehre Standards anlegen. Genau das ist das Anliegen, dass der Gesetzgeber damit verfolgt. Nutzen Sie es zu Ihrem Vorteil.

## 3.5   Zukunft: So geht es mit KI (wahrscheinlich) weiter

Werfen wir einen Blick ins Jahr 2035. Wir alle wissen: »Prognosen sind schwierig, vor allem, wenn sie die Zukunft betreffen.« (Mark Twain)

Wir wollen dennoch einen Blick in die Zukunft wagen. Denn viele Entwicklungen halten wir angesichts der wirtschaftlichen und politischen Lage für realistisch und wahrscheinlich. Und Sie, liebe Leserinnen und Leser, möchten sich vielleicht ein Bild machen.

Im November 2007 brachte Apple das erste Smartphone auf den Markt. Sie werden uns beipflichten: Aus heutiger Sicht haben einige Entwicklungen – und eben besonders auch die des Smartphones – in den letzten 15 Jahren enorme Veränderungen in unserer Ökonomie ausgelöst. Stellen Sie sich bitte jetzt vor: wir packen von heute aus gerechnet »13 Jahre drauf« und schauen mutig in die Zukunft. Welche Disruptionen durch KI sind wahrscheinlich? Was wird durch KI ausgelöst? Starten wir auf unsere Reise ins Jahr 2035.

### 3.5.1   Versicherungen

Früher hielt eine Versicherung ein Leben lang. Verbraucherinnen und Verbraucher im Jahr 2035 wählen ihren Schutz **situativ** – z. B. wenn Sie kurzentschlossen ein paar Tage in den Skiurlaub fahren. Praktisch alle Entscheidungen und Bewertungen von möglichen Risiken und drohenden Kosten erfolgen algorithmisch. Die Angebotsvielfalt erscheint grenzenlos. Denn für alle potenziellen Gefahrensituationen kann – individuell für jeden Versicherten – ein Schadeneintrittsrisiko ermittelt werden.

Das hat in den späten 2020er-Jahren dazu geführt, dass das »Datenmonopol« der Versicherungsunternehmen sukzessive aufgebrochen wurde: Größere Unternehmen waren nunmehr selbst in der Lage, potenzielle Risiken mithilfe von KI zu ermitteln – und sie ebenso mithilfe von KI zu senken. Unfallursachen und Eintrittswahrscheinlichkeiten können Unternehmen im Jahr 2035 selbst ermitteln und Gefahren steuern. Verbraucherinnen und Verbraucher profitieren von dieser Entwicklung. Sie können telemetriebasierte Tarife nutzen. Wenn sie also besonders viel Sport treiben und besonders vorausschauend Auto fahren, können sie eine Menge Geld sparen.

### 3.5.2 Banken

Im Jahr 2035 zahlen wir nur noch sehr selten mit Bargeld. Zahlreiche Kryptowährungen – darunter auch ein Krypto-Euro der EZB – dominieren den digitalen Zahlungsverkehr. Jede authentifizierte natürliche oder juristische Person kann Kreditgeber und -nehmer sein.

Ähnlich wie bei Versicherungen hat KI dazu geführt, dass die traditionellen Alleinstellungsmerkmale einer Branche im digitalen Wandel durch disruptive Einflüsse verschwunden sind.

Neue Anbieter berechnen potenzielle Ausfallrisiken ad hoc, und Kredite werden innerhalb von Minuten vergeben. Anlegerinnen und Anleger können verfügbare Liquidität situativ im Zahlungsverkehrsmarkt platzieren und dadurch Erträge generieren.

Banken haben sich neu erfunden. Sie bieten kostenpflichtige Beratungen und Portfoliomanagement an. Geldautomaten erleiden das Schicksal von Telefonzellen: Man kann sie kaufen – als nostalgische Erinnerung.

### 3.5.3 Energieversorger und Netze

Intelligente Netze (Smart Grid) sind in 2035 längst Realität geworden, denn 75 Prozent des öffentlichen Personennahverkehrs und der individuellen Mobilität werden mit Strom betrieben. Für die Abnehmer von Strom bedeutet das: Strompreise sind dynamisch geworden und können sich im Laufe eines einzelnen Tages verändern. Wer sofort Strom benötigt, zahlt einen höheren Preis für die genutzte KWh als jene Abnehmer, die »irgendwann« in der Nacht ihr E-Fahrzeug laden möchten.

Stromanbieter setzen KI ein, um das Netz mit seinen Einspeisern und Abnehmern optimal zu betreiben. In Zeiträumen mit hoher Nachfrage (z. B. um 18:00 Uhr, wenn viele Arbeitnehmende nach Hause kommen und ihr Fahrzeug mit der Box verbinden), ist Strom teuer. KI steuert bei Bedarf vorhandene Speicher und ruft deren Energiereserve im optimalen Moment zu einem möglichst attraktiven Preis ab.

Da die Netzbetreiber schon in den frühen 2020er-Jahren in intelligente Datenplattformen investiert haben, können Nachfrage und Ort optimal prognostiziert werden. Das Netz bleibt stabil, auch wenn oft Lastspitzen entstehen können. Im Übrigen gibt es keine Vertragslaufzeiten mehr. Verbraucherinnen und Verbraucher wählen den Lieferanten in etwa so aus, wie wir heute unterschiedliche Tankstellen besuchen, um zu tanken.

### 3.5.4   Mobilität

Im Jahr 2035 werden nur noch ein Drittel der vorhandenen Verkehrsmittel benötigt. Die wenigsten Verbraucherinnen und Verbraucher besitzen eigene Fahrzeuge. Stattdessen buchen wir Mobilitätsabonnements. Sie navigieren uns zum gewünschten Zeitpunkt, mit der gewünschten Reisedauer und dem gewünschten Reisekomfort an den gewünschten Ort – und zwar abhängig davon, wie hoch wir unser Budget ansetzen.

### 3.5.5   Kundenservice

Im Jahr 2035 erledigen wir alltägliche Anfragen mittels KI-basierten Assistenten. Conversational Business hat dazu geführt, dass unsere Absichten antizipiert werden. KI wird passend zu unseren Wünschen die gewünschte Zahnbürste, das Bügeleisen und die besten Verkehrsverbindungen anbieten. Und zwar zu dem Zeitpunkt, zu dem wir es wünschen. Mitarbeitende im Service werden nur in Ausnahmefällen in den Kundendialog eingebunden. Und zwar nur in jenen Szenarien, die ein Algorithmus als »lohnenswert« interpretiert. Denn Unternehmen werden überwiegend wissen, wo welche Probleme auftauchen, schon bevor sich ein Kunde an sie wendet.

### 3.5.6   Medien und Journalismus

Im Jahr 2035 werden Verbraucherinnen und Verbraucher vor der Herausforderung stehen, Fakten von Mythen und Fake News unterscheiden zu müssen. Denn eine KI kann noch immer nicht den Wahrheitsgehalt einer Nachricht bemessen. Laufen wir in ein Glaubwürdigkeitsproblem? Werden wir Faktenchecker kaufen, um den Wahrheitsgehalt zu prüfen?

### 3.5.7   Mögliche Entwicklungen erkennen mit der Szenariotechnik

Aus unseren vorhergehenden Prognosen für das Jahr 2035 wird deutlich: KI wird enorme gesellschaftliche Auswirkungen provozieren, mit denen wir uns heute beschäftigen müssen. Die spannende Frage lautet daher: **Was bedeutet 2035 aus Ihrer Sicht von heute?**

Es wird sicher massive unternehmerische und gesellschaftliche Auswirkungen geben.

- **Ein Segen:** KI wird uns helfen, die besten Entscheidungen zu treffen und ressourcenschonend zu leben.
- **Ein Fluch:** Viele Arbeitnehmende sind 2035 nicht mehr vermittelbar. Sie werden jetzt schon beginnen müssen, sich weiterzuentwickeln.

Die **Szenariotechnik** ermöglicht eine Sicht auf die Zukunft. Sie wird insbesondere in der Zukunftsforschung eingesetzt. Nutzen Sie diese Methoden, um sich mit den potenziellen Entwicklungen Ihres Arbeitsumfelds, Ihrer Abteilung, Ihres Unternehmens zu beschäftigen. Finden Sie mit dieser Methode heraus, was diese Entwicklungen mit Ihnen und Ihrem Unternehmen machen könnten.

Die Szenariotechnik[16] gilt als der »Klassiker« der Zukunftsforschung. Und – vereinfacht umschrieben – wird sie so eingesetzt:

- Recherchieren Sie quantitative Daten mit qualitativen Informationen, Meinungen und Einschätzungen.
- Verbinden Sie diese Daten und entwickeln Sie daraus mögliche zukünftige Szenarien.
- Überlegen Sie anschließend, wie Sie auf die Entwicklung in den Szenarien aus Sicht des Unternehmens begegnen können.
- Stellen Sie das Ergebnis in möglichst plakativen Bildern und Beschreibungen zusammen.

**Das Ziel ist, die Zukunft für Ihre Mitarbeitenden und für Sie vorstellbar zu machen.**

Und Sie merken, liebe Leserinnen und Leser: wir sind schon völlig drin im KI-Szenario. Nachdem wir nun einen kurzen Blick in die Zukunft der Branchen gewagt haben, wollen wir uns die Szenarien innerhalb der Unternehmen in Kapitel 7 »KI aus Sicht der Unternehmensbereiche« anschauen und dabei sehr konkret werden. Zunächst aber haben wir zwei »KI-Crashkurse« entwickelt, in denen wir Ihnen wichtige Grundlagen für das Verständnis von Künstlicher Intelligenz vermitteln wollen.

---

16   https://de.wikipedia.org/wiki/Szenariotechnik

# Teil 2: KI-Crashkurs

Wann haben Sie – liebe Leserinnen und Leser – zuletzt Künstliche Intelligenz verwendet? Vermutlich just heute. Haben Sie vielleicht Ihren Sprachassistenten in der Küche nach der Wettervorhersage fürs Wochenende gefragt? Oder hat Ihnen Ihr Navigationsgerät auf dem Weg ins Büro eine Umleitung empfohlen, um einen Stau zu umfahren? Unterwegs das »Radio« zu Ihrer Lieblings-Playlist gestartet?

Künstliche Intelligenz (KI) begegnet uns praktisch jeden Tag. Sie misst die Dichte im Straßenverkehr und weist uns den schnellsten Weg, schlägt Musik nach unserem Geschmack vor, hält Finanzsysteme zusammen, entwickelt leichte Bauteile, optimiert Städteplanung und hilft uns, in Sekunden Entscheidungen zu treffen, für die wir früher Tage oder Wochen gebraucht hätten.

Hinter KI steckt zumeist Software, die riesige Datenmengen sammelt und aus ihnen Wahrscheinlichkeiten ableitet. KI ist also etwas ganz anderes, als sie sich die Menschen in den 1950er-Jahren vorgestellt haben. Sie steckt nicht in sprechenden Robotern mit Antennen und blinkenden Augen, sondern arbeitet im Verborgenen. Die Dampfmaschine hat unsere Gesellschaft Ende des 18. Jahrhunderts von mühsamer körperlicher Arbeit befreit und entscheidend zur Erhöhung unseres Lebensstandards beigetragen. KI unterstützt uns heute bei kognitiver Arbeit und wird unsere Ökonomie verändern.

### KI wird unser Leben verändern

Alle Branchen und Unternehmen, alle Menschen sind von KI betroffen. Kein Bereich des Lebens wird von KI unberührt bleiben: Bildung, Arbeit, Produktion, Gesundheit, Medien, Finanzen, Unterhaltung – alle (und alles) sind betroffen.

Aber warum ist das so? Ist KI mehr als nur ein Hype, der schon in wenigen Jahren von neuen Entwicklungen der modernen Industriegeschichte abgelöst werden wird und an Bedeutung verliert? Und warum geht KI Sie, liebe Leserinnen und Leser, etwas an?

Der Grund ist klar: KI wird Fähigkeiten entwickeln, die den kognitiven Leistungen eines Menschen entsprechen und sie teilweise übertreffen wird. Dieses Potential der KI ist mittlerweile in Forschung, Wirtschaft, Politik unbestritten. Wir wissen nur nicht genau, mit welcher Geschwindigkeit diese Entwicklung vonstattengehen wird.

# 4 KI-Crashkurs 1: Emotionaler und kognitiver Wertbeitrag

Im ersten Teil unseres KI-Crashkurses wollen wir die in Kapitel 3 begonnene Diskussion zu den kognitiven und emotionalen Wertbeiträgen weiter vertiefen. Dazu betrachten wir das Verhältnis zwischen Mensch und Maschine zunächst im historischen Kontext.

Die Rolle der Menschen hat sich auf jedem Level der Industrialisierung verändert. Die Frage lautete immer: Was tun wir noch selbst, was überlassen wir einer Maschine? Wer pflügt das Feld, wer baut ein Gerät, wer stellt das Paket zu, wer löst die Rechenaufgabe, wer findet die Formel für einen neues Medikament? Sind es Menschen, die das tun, oder Maschinen?

Egal ob ein Mensch oder eine Maschine die Arbeit gemacht hat, bisher ist es uns Menschen immer wieder gelungen, eine Grenze zur Maschine zu finden und ein neues Selbstverständnis zu entwickeln. Und Teil dieser Definition war gleichbleibend ein unumstößlicher Glaubenssatz: Der menschliche Geist ist der Maschine überlegen und in seiner Leistungsfähigkeit, Kreativität und Genialität unerreichbar.

Doch genau das ist jetzt anders. »Künstliche Intelligenz« – schon der Name ist Programm. Jetzt geht es darum, die »Intelligenz« – also genau die bisher unerreichten Fähigkeiten des menschlichen Geistes – in einer Maschine nachzubauen. Maschinen ahmen das Verhalten von Menschen nach. Dort wo wir früher Kraft durch Maschinen entwickelten, werden Maschinen **kognitive Fähigkeiten** von uns Menschen erlernen und – dort wo es Sinn macht – übernehmen.

Insbesondere im Büroalltag leitet KI damit tatsächlich eine neue Evolutionsstufe ein. Ob wir in der Buchhaltung, vor Gericht und in Behörden, im Contact Center oder als Rechtsanwalt und Arzt arbeiten: Diese Evolutionsstufe hat erhebliche Auswirkungen auf unsere Art zu arbeiten.

**Dadurch wird KI zu einem sehr relevanten Thema für alle Unternehmen.** Denn nahezu alle kognitiven Wertbeiträge, die im Wirtschaftsleben und in der Gesellschaft heute von Menschen geleistet werden, sind im Prinzip durch KI ersetzbar.

## 4.1 Sind auch emotionale Wertbeiträge durch KI ersetzbar?

Doch welche Fähigkeiten bleiben dann den Mitarbeitenden im Unternehmen vorbehalten? Viele glauben, es seien die **emotionalen, sozialen und kreativen Fähigkeiten**, die uns Menschen im Unternehmen unterscheiden – und die nicht durch eine KI ersetzt werden können. Jedoch kann die Frage nicht klar beantworten werden, da wir bisher nicht wissen, ob Emotionen, Kreativität und soziale Kompetenz mit denselben Elementen erzeugt werden können, die uns heute dabei helfen, die kognitiven Fähigkeiten nachzubauen.

Aus heutiger Sicht ist es jedenfalls so, dass der emotionale Wertbeitrag des Menschen nicht durch intelligente Maschinen ersetzt werden kann. Und selbst wenn er eines Tages ersetzt werden könnte, heißt das nicht, das es auch passieren wird.

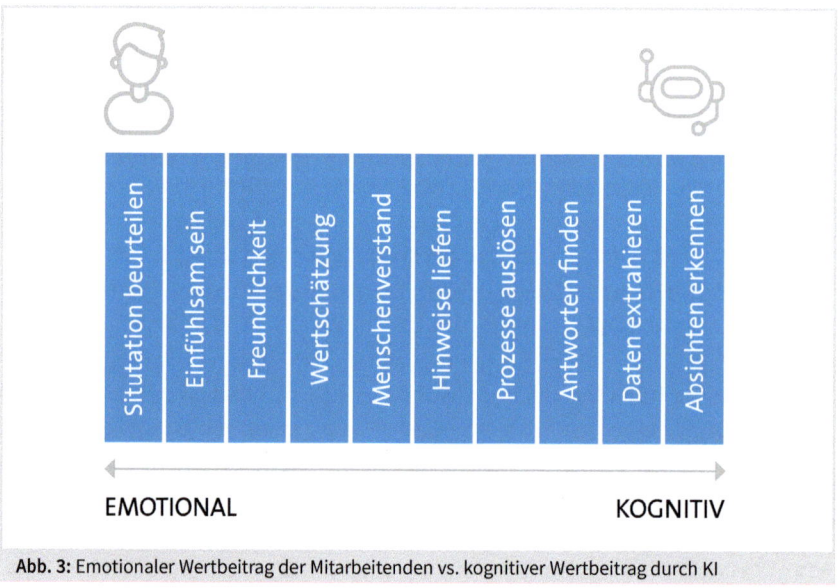

**Abb. 3:** Emotionaler Wertbeitrag der Mitarbeitenden vs. kognitiver Wertbeitrag durch KI

Der emotionale Wertbeitrag, der uns Menschen vorbehalten ist, besteht in dem, was gemeinhin als »gesunder Menschenverstand« bezeichnet wird. Nämlich unserer Fähigkeit, anderen Menschen mit Wertschätzung zu begegnen, emphatisch und kreativ zu sein, schwierige Situationen einzuschätzen und komplexe Handlungsoptionen abzuwägen.

Der kognitive Wertbeitrag umfasst das Erfassen und Interpretieren von Daten, die Suche nach kontextuellen Informationen, die Auswertung der Informationen nach hochkomplexen Kriterien, das Treffen von Entscheidungen und schließlich das Auslösen von Handlungen. Hier kann KI ihre Überlegenheit ausspielen: Sie kann sprichwörtlich die »Nadel im Heuhaufen« finden, Rückschlüsse ziehen und in Tausenden von Datenfragmenten auffällige Korrelationen erkennen.

## 4.2 Das Verhältnis von Mensch und KI

Bevor wir uns aber mit den Grundlagen der KI im weiteren »Crashkurs« beschäftigen, möchten wir noch erwähnen: Wir diskutieren in diesem Buch **nicht**, ob KI eine Geißel der Menschheit ist. Denn die Frage, ob KI irgendwann tatsächlich ein Bewusstsein erreicht und uns Menschen dann im Unternehmen vollständig ersetzt, ist angesichts der großen technologischen Lücken, die für die Realisierung solcher Szenarien heute noch bestehen, so relevant, wie die Frage nach einer potenziellen Überbevölkerung auf dem Mars (der Vergleich stammt von Andrew Ng). Ein künftiger Kampf zwischen den Menschen und den Maschinen ist zwar ein tolles Thema der Science-Fiction-Literatur und einige echte Philosophen – wie auch einige Pseudoexperten – verkaufen dazu viele Fachbücher.

Auch die theoretische Diskussion darüber, ob man mit aktuellen neuronalen Netzen das menschliche Denken inklusive der Emotionen überhaupt vollständig und richtig abbilden kann, überlassen wir Neurowissenschaftlern und theoretischen Informatikern. Daher diskutieren wir auch Begriffe wie Narrow oder General Artificial Intelligence nicht.

Wir gehen allerdings davon aus, dass die kognitiven Wertbeiträge durch die Kollaboration zwischen Mensch und KI sogar die einer »reinen KI« übersteigen können. Zumindest beim Schach gibt es dafür Anzeichen: Trotz der totalen Überlegenheit von KI können Menschen, die mit einer KI zusammenarbeiten, die »reinen KI's« besiegen. Wir verbessern also mit KI die kognitive Leistung von Menschen. Wir streben nicht zwangsläufig an, sie zu ersetzen.

Und wir gehen in diesem Buch davon aus, dass emotionale Wertbeiträge, wie auch soziale und kreative Fähigkeiten dem Menschen überlassen bleiben.

# 5 KI-Crashkurs 2: Das Periodensystem der KI

Im zweiten Teil unseres KI-Crashkurs möchten wir Ihnen die wichtigsten Elemente einer KI näherbringen. Das Forschungsfeld der KI ist weit verzweigt und KI-Anwendungen nutzen daher eine unübersichtliche **Vielzahl von Methoden**, die sich vor allem aus der Mathematik und der Informatik rekrutieren. Diese Methoden auch nur ansatzweise im Detail zu verstehen ist Gegenstand von oft mehrsemestrigen Vorlesungen zu dem Thema.

Um ihnen dennoch einen Einblick in die grundlegende Funktionsweise von KI-Anwendungen zu geben, wollen wir Ihnen in diesem Kapitel das **Periodensystem der KI** vorstellen.

Mit den im Periodensystem definierten **Elementen** können Sie praktisch jeden **KI-Anwendungsfall** aufschlüsseln und erklären. Die einzelnen Elemente des Periodensystems wiederum nutzen ihrerseits eine ganze Reihe von **KI-Technologien** (u. a. »Neuronale Netze«, »Deep Learning«, »Expertensysteme«). Und die KI-Technologien fußen schließlich auf den Erkenntnissen einer ganzen Reihe von **Wissenschaften** (u. a. Mathematik, Informatik, Robotik, Neurowissenschaften, Biologie, Psychologie). Diese Zusammenhänge sind relevant für das Verständnis des Periodensystems. Wir haben sie im Folgenden hierarchisch dargestellt:

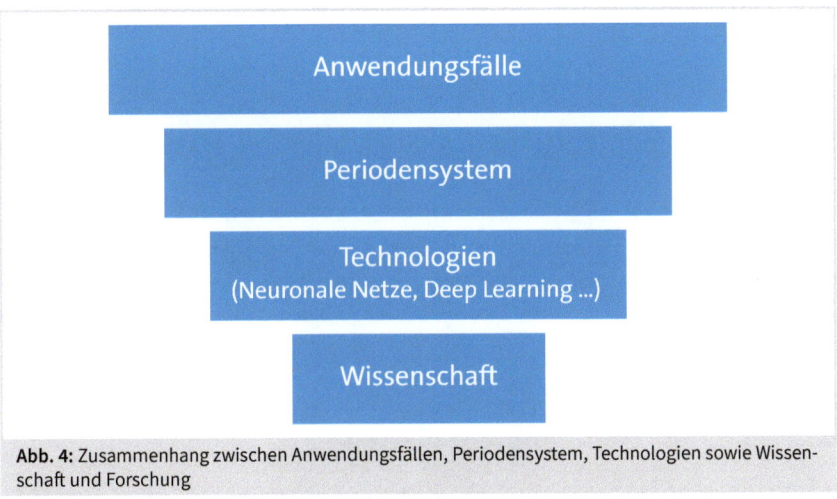

**Abb. 4:** Zusammenhang zwischen Anwendungsfällen, Periodensystem, Technologien sowie Wissenschaft und Forschung

Das KI-Periodensystem bildet damit eine Brücke des Verständnisses zwischen der unübersichtlichen und schnelllebigen Welt der KI-Technologien und der schier endlosen Zahl der KI-Anwendungsfälle.

Die Anwendungsfälle, die wir in Kapitel 6 »20 KI-Hacks und was sie bedeuten« oder in den Trendradaren selbst (Kapitel 8 ff.) vorstellen, lassen sich daher auch aus eben diesen Elementen des KI-Periodensystems zusammensetzen.

Betreten wir jetzt also gemeinsam die Brücke des KI-Periodensystems:

In der Chemie hatte Dimitri Mendeleyev Ende des 19. Jahrhunderts die Elemente der Chemie anhand ihrer ähnlichen Eigenschaften und Aufgaben in Perioden und Gruppen zusammengefasst und systematisiert. Das Periodensystem der Elemente war geboren. Diese revolutionäre Idee setzte sich schnell durch. Und bis heute lernen alle Kinder in der Schule damit die Grundlagen der Chemie.

Der Informatiker Kristian Hammond[12], hatte die pfiffige Idee, das Prinzip des Periodensystems der Chemie auf die KI zu übertragen. Er erkannte, dass die verschiedenen Komponenten einer Künstlichen Intelligenz, vergleichbar den Elementen in der Chemie, miteinander verbunden sind. Daher können in der KI wie in der Chemie Elemente unterschiedlicher Art und Funktion miteinander kombiniert und daraus eine schier endlose Zahl von KIs entwickelt werden.

Die Idee eines Periodensystems der KI wurde vom Arbeitskreis Artificial Intelligence im Digitalverband Bitkom aufgegriffen. Stefan Holtl, später Autor des Buches »KI-volution«, und der KI-Entrepreneur Torsten Hartmann haben gemeinsam mit uns und vielen weiteren Expertinnen und Experten das »Periodensystem der KI« im Digitalverband Bitkom 2018 veröffentlicht[3] – verbunden mit detaillierten Informationen zu den einzelnen Elementen und Gruppen.

## 5.1   Drei Elementegruppen: Assess, Infer und Respond

Das Periodensystem ist perfekt dafür geeignet, KI-Anwendungen in der Praxis als eine Kombination von einzelnen, in Beschaffenheit und Eigenschaft unterschiedlichen Komponenten zu verstehen, die zu einer KI-Anwendung zusammengeführt werden.

---

1   Vgl. Rieuf, Emmanuelle: The Periodic Table Of AI, in: Data Science Central, 17.01.2017, https://www. datasciencecentral.com/the-periodic-table-of-ai/ (abgerufen am 29.05.2022).

2   Vgl. Xprize Artificial Intelligence Periodic Table: in: Internet Archive, 2022, https://web.archive.org/ web/20180526094731/http:/ai.xprize.org/sites/default/files/xprize_artificial_intelligence_periodic_table. pdf bitko (abgerufen am 29.05.2022).

3   Vgl. Bitkom e. V.: Periodensystem der KI erklärt Künstliche Intelligenz, in: Bitkom e. V., 10.04.2019, https:// www.bitkom.org/Presse/Presseinformation/Periodensystem-der-KI-erklaert-Kuenstliche-Intelligenz (abgerufen am 29.05.2022).

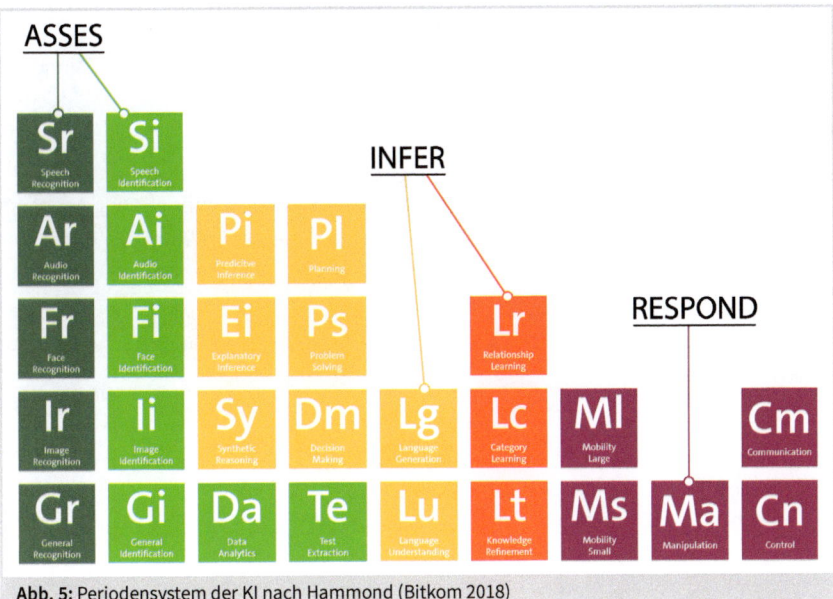

**Abb. 5:** Periodensystem der KI nach Hammond (Bitkom 2018)

Mithilfe des KI-Periodensystems werden wir die KI-Praxisanwendungen in Kapitel 6 »20 Ki-Hacks – und was sie bedeuten« erläutern. Dann wird der große Nutzen des Periodensystems für Sie, liebe Leserinnen und Leser, nachvollziehbar. Bleiben Sie also gespannt und folgen Sie uns auf eine Reise durch die Elemente.

Übrigens: KI entwickelt sich weiter. Die Definition und Ausprägung der einzelnen KI Elemente wird sich in den kommenden Jahren ebenfalls verändern und zu Anpassungen im Periodensystem führen. Das hat Kristian Hammond schon in seiner ersten Veröffentlichung so formuliert und ausdrücklich zu einer »Diskussion« über die Elemente eingeladen.

## 5.2    Beispiel: Wie KI arbeitet – und das Periodensystem der KI dabei hilft

Wie KI als Agent in einer Umgebung arbeitet und welche Rollen dabei die drei verschiedenen Gruppen (Assess, Infer, Respond) und die Ihnen zugeordneten einzelnen Elemente spielen, erläutern wir im Folgenden.

### Zunächst noch etwas allgemeiner formuliert
KI operiert – nach der oben genannten Definition – immer als **Agent** in einer **Umgebung**, um ein **Ziel** zu erreichen. Um seine Aufgabe zu erfüllen, muss dieser Agent

- Informationen aus der Umgebung erfassen,
- diese mit bereits vorhandenem Wissen kombinieren und daraus eine sinnvolle Handlung ableiten
- und diese schließlich ausführen.

Diese Handlung führt i.d.R zu einer Veränderung der Umgebung, die der Agent im nächsten Schritt wieder beobachten kann und aus denen er im Vergleich mit seiner Erwartung seine Handlungsstrategien anpassen kann.

Im folgenden Schaubild stellen wir das Vorgehen des Agenten in seiner Umgebung schematisch dar.

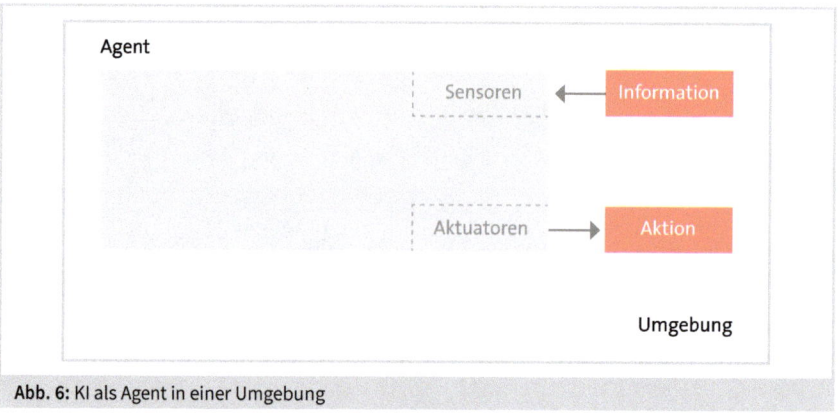

**Abb. 6:** KI als Agent in einer Umgebung

Nun konkret: Nehmen wir an Sie wollen wissen, ob Sie für den geplanten Spaziergang über den Markt, der für den Abend geplant ist, mit Regen rechnen müssen. Dazu befragen Sie die Sprachassistentin der Firma Amazon, die auf einem der typischen Endgeräte in Ihrem Wohnzimmer dienstbereit auf ihre Anweisungen lauscht: »Alexa!« Sie blinkt kurz um Ihnen anzuzeigen, dass sie jetzt zuhört. »Kann ich morgen ohne Regenschirm das Haus verlassen?«.

Alexa ist die Agentin, die in ihrer Umgebung eine Frage erfasst.

Sie extrahiert die richtige Information aus dem, was sie hört (nämlich die gesprochene Sprache) und übersetzt diese in einen Text.

Diesen analysiert sie und versteht, dass Sie nach dem Wetter von morgen fragen und leitet daraus eine geeignete Handlung ab. Dann fragt sie bei einem befreundeten Wetterdienst nach den gewünschten Informationen.

Nach wenigen Sekunden antwortet sie: »Morgen könnte es in Taunusstein regnen. Es besteht ein 55-prozentige Wahrscheinlichkeit, Du musst mit 1 mm Niederschlag rechnen.«

Fast alle KI-Systeme arbeiten ähnlich wie in diesem Beispiel skizziert.

Unsere Eingabe wird inhaltlich bewertet. Wir nennen diesen Eingangsprozess **Assess**.

Das KI-System leitet aus der Eingabe eine Handlung ab. Diese nennen wir **Infer**.

Und mit den analysierten Ergebnissen gibt uns das System eine Antwort aus, die wir **Respond** nennen.

Diesem beschriebenen Ansatz folgend, teilt sich unser Periodensystem der KI und seine Elemente also in die folgenden drei Gruppen ein:

| Gruppe | Beschreibung | Beispiel |
|---|---|---|
| Assess | Mit den Elementen dieser Gruppe kann der Agent **Informationen** aus der **Umgebung** mittels **Sensoren extrahieren** und diese in nutzbare Daten umwandeln. | Alexa erkennt das Wort »Alexa«, isoliert die Sprache des Sprechers aus dem folgenden Audiosignal und wandelt diese in einen Text um. |
| Infer | Mit den Elementen dieser Gruppe **analysiert** der Agent die neu gewonnenen Daten und kombiniert diese mit bereits vorhandenem **Wissen** um daraus eine **Handlung abzuleiten**, die es seinem Ziel näher bringt | Alexa erkennt die Frage und fragt beim Onlinewetterdienst das Wetter von morgen ab. Daraus isoliert sie die Regendaten und konstruiert einen Antworttext. |
| Respond | Mit diesen Elementen kann der Agent die Handlung in – oft mehrere – **Aktionen** aufteilen und mit Hilfe von **Aktuatoren ausführen** | Alexa wandelt den Antworttext in einen geeignetes Audiosignal um und gibt dieses über den Lautsprecher aus |

**Tab. 1:** Die Gruppen des Periodensystems der KI nach Hammond – mit Beispielen

In der folgenden Abbildung integrieren wir diese Gruppen in den »Agenten«, um ihr Zusammenspiel aufzuzeigen:

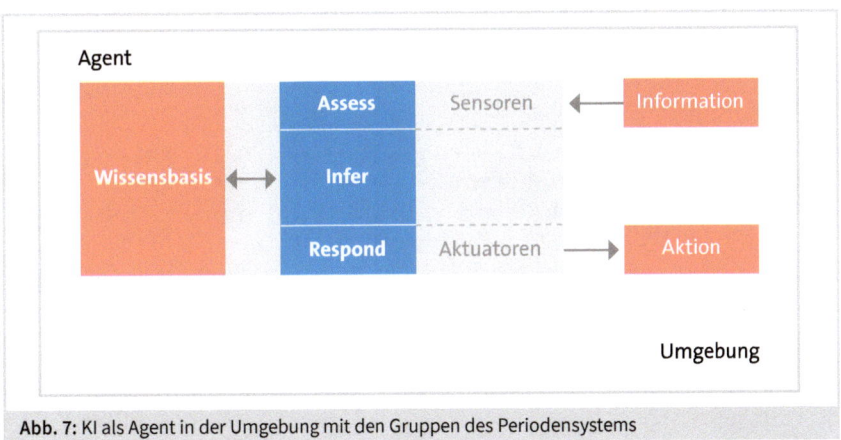

**Abb. 7:** KI als Agent in der Umgebung mit den Gruppen des Periodensystems

Jetzt, wo wir also verstehen, dass KI-Systeme aus Gruppen von funktionalen Elementen bestehen, deren Kombination eine sehr große Anzahl von KI-Lösungen ermöglicht, schauen wir uns die Gruppen anhand von Beispielen genauer an.

## 5.3 Gruppe 1 »Assess«: erfassen und auswerten

Unsere Agentin Alexa muss zunächst einmal Objekte und Ereignisse (hier: Geräusche) in der Umgebung erkennen und einordnen. Sie erkennt, wenn diese Geräusche Sprache darstellen, und reagiert auf das Schlüsselwort »Alexa«. Sie kann sogar erkennen, wer da spricht (natürlich nur, wenn Sie es ihr vorher im »Setup« beigebracht haben). Sobald Alexa erkannt hat, dass sie zuhören soll, fokussiert sie ihre Aufmerksamkeit auf den Sprecher und übersetzt die gesprochene Sprache in einen Text. Hier kommen die Elemente [Ar] Audio Recognition, [Sr] Speech Recognition und [Te] Text Extraction zum Einsatz.

Neben Sprache und Geräuschen können auch andere Informationen aus der Umgebung interessant für einen Agenten sein: Bilder oder Videos aus Kamerasensoren, Signale aus Temperatursensoren, $CO_2$-Detektoren, Infrarotscannern, Computertomographen. Natürlich können die Informationen auch direkt aus der digitalen Umgebung stammen: Texte, Zahlen, Websites, Bilder, Inhalte aus Datenbanken und Onlineservices.

**Aufgaben für die Elemente der Gruppe Assess**
In der Gruppe Assess werden also alle Elemente zusammengefasst, die Informationen mit Hilfe von Sensoren aus der Umgebung erfassen und auswerten. Die Elemente der Gruppe Assess spielen u. a. eine entscheidende Rolle bei der Erkennung biometrischer Merkmale (Gesichter, Sprache), bei der Analyse Radiologischer Aufnahmen in der Medizin (dazu bietet Kapitel 3 Anwendungsfälle) oder in der Qualitätssicherung der Produktion (vgl. Kapitel 4).

Typische Vertreter der Gruppe Asses im Periodensystem der KI stellen wir Ihnen in der folgenden Tabelle genauer vor.

| Element | Beschreibung | Beispiele |
| --- | --- | --- |
| [Ir]<br>Image Recognition | KI-Lösungen, die das Element Image Recognition umsetzen, analysieren Bilder oder Videos und erkennen darin Objekte und Ereignisse und deren Kontext, z. B. Position im Raum. Ein Spezialfall der Image Recognition die sogenannte Optical Character Recognition (OCR). Damit können Bilder von Texten in maschinenlesbare Texte umgewandelt werden. | • Gesichtserkennung in Handykamera<br>• Scanner mit Texterkennung auch für Handschrift<br>• Tumorerkennung in MRT-Aufnahmen<br>• Objekterkennung (Fahrspur, Fahrzeug, Baum, Gehweg, Fußgänger …) bei autonomen Fahrzeugen |

| Element | Beschreibung | Beispiele |
|---------|--------------|-----------|
| **[Sr]** **Speech Recognition** | Mit dem Element Speech Recognition kann eine KI-Lösung gesprochene Sprache aus einem Audio-Stream extrahieren. Das geht soweit, dass moderne Systeme sogar einen einzelnen Sprecher identifizieren und sich auf diesen konzentrieren können. | • Sprachassistenten wie Siri und Alexa<br>• Diktiersysteme für Mediziner und Juristen oder für Jedermann einfach im Smartphone |
| **[Te]** **Text Extraction** | Das Element Text Extraction kann Begriffe aus Texten extrahieren und sie Konzepten zuordnen. So kann die KI unterscheiden, ob es sich bei dem Begriff Bank auf einer Rechnung um ein Geldinstitut handelt, oder ob ihr Schreiner ein Angebot für ein Gartensitzmöbel unterbreitet. | • Sprachassistenten wie Siri und Alexa<br>• Chatbots |

**Tab. 2:** Beispiele für Elemente der Gruppe Asses des KI-Periodensystems

## 5.4   Gruppe 2 »Infer«: verstehen, ableiten, lernen

Kommen wir zurück zu unserer Agentin Alexa – und der zweiten Gruppe unseres Periodensystems: Die Elemente der Gruppe Infer. Nachdem Alexa verstanden hat, welche Worte Sie zu ihr gesprochen haben, muss sie erkennen, dass es sich um eine Frage handelt und sich die Frage auf den Wetterbericht bezieht.

Alexa nutzt dazu zunächst das Element [Lu] Language Understanding, mit dem sog. »Konzepte« aus Texten extrahiert werden. Jetzt weiß Alexa, dass Sie nach dem Konzept »draußen mit Regenschirm« gefragt haben. Alexa muss daraus ableiten, dass Sie wahrscheinlich nach dem Wetterbericht von morgen fragen. Diesen Zusammenhang hat Alexa höchstwahrscheinlich mit dem Element [Pi] Predictive Inference ermittelt. Es ermittelt die potenzielle Wahrscheinlichkeit für Intentionen.

Ihre Intention könnte ja auch sein, dass Sie wissen wollen, ob Sie sich mit Ihrem alten Regenschirm noch auf die Straße trauen können. Vielleicht soll Alexa Ihnen einen Lieferdienst für ein schickes Regenschirmmodell empfehlen. Zumindest in unserem Fall ist das eher unwahrscheinlich. Alexa ermittelt Ihre Intention richtig und versteht, dass sie eine Frage über den Wetterbericht beantworten soll.

Da Alexa natürlich weiß, wo das Endgerät, mit dem Sie sprechen, aufgestellt ist, vermutet sie, dass es sich um den Wetterbericht für den aktuellen Ort handelt. Darüber haben Sie ja schließlich nichts gesagt.

Aber Sie haben explizit nach morgen gefragt, also kennt sie das Datum des angefragten Wetterberichts.

Jetzt hat Alexa alle Suchparameter ermittelt und kann sich daran machen, einen passenden Wetterbericht rauszusuchen. Dazu schaut sie wahrscheinlich einfach in eine Liste von verfügbaren Onlinewetterdiensten und fragt die entsprechenden Informationen über die Onlineschnittstelle eines der Wetterdienste ab. Sie erhält Daten des Wetterdienstes.

Mit dem Element [Ei] Explanatory Inference konstruiert sie daraus eine geeignete Antwort.

### Aufgaben für die Elemente der Gruppe Infer

Dieses Szenario zeigt typische Aufgaben für die Elemente der Gruppe Infer: Aus einer »Eingabe« den Sinn verstehen und mögliche Reaktionen ableiten. Je größer die »Wissensbasis«, umso leistungsfähiger sollten die Elemente der Gruppe Infer sein. Und genau hier spielt das maschinelle Lernen eine entscheidende Rolle. Anstatt die Elemente einer Wissensbasis mühsam von Hand zu konstruieren, werden heute Algorithmen eingesetzt, die diese Wissensbasis aus Beispielen »erlernen« können. Wie das genau funktioniert schauen wir uns später an, wenn wir zum Kapitel 14.4 »Machine Learning« kommen.

Aber schon an dieser Stelle wollen wir Ihre Aufmerksamkeit darauf lenken, dass Maschinen zum Lernen meistens eine große Menge Daten benötigen. Außerdem muss ein »Lehrer« zur Verfügung stehen, der der KI beim Lernen Feedback über die aktuelle Leistung geben kann. Welche Optionen einem »Lehrer« dazu zur Verfügung stehen, schauen wir uns ebenfalls in Kapitel 14.4 Machine Learning an.

Die am häufigsten genutzte Option ist, dass der »Lehrer« die Trainingsdaten vorab richtig klassifiziert. So fertigen z. B. Hautärzte Datenbanken von Bildern mit diversen Hautveränderung an und geben an, ob es sich dabei um eine bestimmte Krebsart handelt oder nicht. Eine KI, die auf Hautkrebs spezialisiert ist, nutzt eine solche Datenbank in der Trainingsphase, um zu lernen, gutartige von bösartigen Hautveränderungen zu unterscheiden. So funktioniert auch unsere Agentin Alexa: Sie nutzt eine Liste mit vielen Textbeispielen, für die die Intention der Frage bereits von einem »Lehrer« angegeben wurde, um mit dem Element [Lc] Category Learning daraus das oben erwähnte [Pi]-Element zu erzeugen. Da Lernelemente entscheidend für erfolgreiche Infer-Elemente sind, sind sie ebenfalls Teil dieser Gruppe.

### Erstellung von Trainingsdaten

Schnell wird klar, dass je nach Aufgabenstellung, ein erheblicher Aufwand in die Erstellung von Trainingsdaten fließen muss. Das ist eine wichtige Fragestellung, wenn man die Wirtschaftlichkeit eines KI-Einsatzes beurteilen möchte.

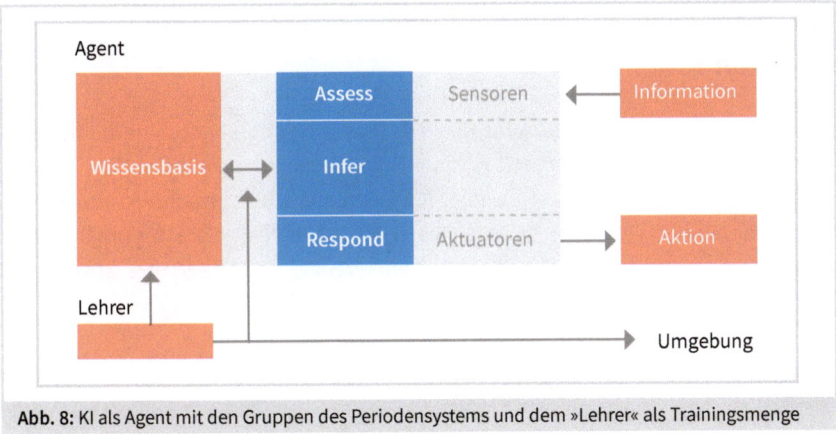

**Abb. 8:** KI als Agent mit den Gruppen des Periodensystems und dem »Lehrer« als Trainingsmenge

Typische Vertreter der Gruppe Infer im Periodensystem der KI schauen wir uns in der folgenden Tabelle genauer an.

| Element | Beschreibung | Beispiele |
|---|---|---|
| [Pi]<br>Predictive<br>Inference | Dieses Element nutzt eine Wissensbasis, um Aussagen über die Wahrscheinlichkeiten von Kategorien, Zuständen oder Ereignissen zu treffen. | Kaufempfehlungen<br>Chatbot-Antworten<br>Bild-Klassifikatoren |
| [Ps]<br>Problem<br>Solving | Diese Element findet Lösungen zu einem Problem. Das können wohlbekannte Problem-stellungen wie das Finden eines optimalen Weges von A nach B, oder die Algorithmen von Suchmaschinen sein. Aber auch moderne An-sätze wie die Topology Optimization, die auch im generative Design verwendet wird, finden sich in diesem Element. | Navigation<br>Suchmaschinen<br>generative Design<br>Produktionsplanung |
| [Lu]<br>Language<br>Understan-<br>ding | Dieses Element ermittelt die Semantik von Text und extrahiert damit z. B. Datensätze oder Anweisungen. Außerdem können daraus Zu-sammenhänge zwischen Konzepten gelernt werden. | Sprachassistenten<br>Suchmaschinen<br>Texterkennung und Automati-sche Übersetzer |
| [Lc]<br>Category<br>Learning | Dies ist ein Beispiel für ein Lernelement. Lern-elemente erzeugen die Wissensbasis für ande-re Infer Elemente. Als Datengrundlage werden dazu i. d. R. sehr viele Beispiele benötigt, die zuvor von einem »Lehrer« entsprechend ein-geordnet wurden. | Qualitätssicherung<br>Radiologische Diagnostik<br>Gesichtserkennung |

**Tab. 3:** Beispiele für die Elemente der Gruppe Infer des KI-Periodensystems

## 5.5   Gruppe 3 »Respond«: machen, kommunizieren, kontrollieren

Nachdem unsere Agentin Alexa Ihr Konzept interpretieren konnte und herausfand, dass es Ihnen um den Wetterbericht von morgen geht, muss sie Ihnen nur noch antworten. Daher nutzt sie das KI-Element [Cm] Communicate, um den Text einer passenden Antwort zu formulieren und diesen danach mittels Sprachsynthese in ein Audiosignal umzuwandeln, das über die Lautsprecher des Endgerätes ausgegeben werden kann.

Diese KI-Elemente sind Vertreter der Gruppe Respond. Sie führen die ermittelten Aktionen aus. Dazu werden Informationen erzeugt (z. B. ein Bild, ein Audiostream oder ein Bewegungsplan) und an Menschen oder andere Maschinen kommuniziert. Auch dieser Schritt kann komplexe Aktionen erfordern (z. B. eine Linkskurve fahren und dabei der Spur folgen), die ebenfalls gelernt und aktuell gehalten werden müssen.

Typische Beispiel für die Gruppe Respond des Periodensystems der KI stellen wir Ihnen in der folgenden Tabelle vor.

| Element | Beschreibung | Beispiele |
|---|---|---|
| [Ms]<br>Mobility Small | Dieses Element beschäftigt sich mit der Ausführung von Aktionen einer Maschine z. B. eines autonomen Roboters. Diese können z. B. bei der Kommissionierung von Aufträgen intelligent und proaktiv Ware von Lagerplätzen holen oder Werkstücke in einer Produktionslinie transportieren und positionieren | Serviceroboter<br>Robo-Rasenmäher |
| [Cm]<br>Communicate | Fast jede KI benötigt eine Kommunikationsschnittstelle mit den beteiligten Menschen. Diese Aufgabe übernimmt dieses Element. Die Ausgabe kann per Text, Grafik, Video oder Ton erfolgen. | Sprachassistenten<br>Planungssysteme |
| [Cn] Control | Dieses Element steuert andere i. d. R. nicht-materielle Prozesse, wie z. B. den Handel mit Wertpapieren oder das Eintragen von Terminen | Robo-Advisor<br>Planungsassistenten |

**Tab. 4:** Beispiele für Elemente der Gruppe Respond des KI-Periodensystems

# Teil 3: KI-Praxis

**KI ist ein mächtiges Instrument. Wir müssen es mit Bedacht einsetzen und mit Sorgfalt weiterentwickeln.**

Nachdem wir Ihnen, liebe Leserinnen und Leser, nun die Grundlagen der KI erläutert, Perspektiven des Einsatzes aufgezeigt, einen Ausblick auf die nahe Zukunft gewagt und das Periodensystem der KI vorgestellt haben, kommen wir jetzt zu einer Reihe von **konkreten Anwendungsfällen**. Wir kommen also von der Theorie zur Praxis.

Wir haben uns entschieden, diese Anwendungsfälle »Hacks« zu nennen. Denn sie entstammen der Unternehmenspraxis und wurden umgesetzt, um ein tatsächliches Problem zu lösen – oder zumindest den Umgang mit dem Problem für die Mitarbeitenden entscheidend zu vereinfachen. Der später in den Trendradaren verwendeten Begriff »Anwendungsfälle« ist uns hier zu unspezifisch. Denn viele der Hacks sind aus Nöten und Ideen geboren, die nicht ohne Weiteres auf andere Unternehmen angesetzt werden können.

# 6 20 KI-Hacks und was sie bedeuten

In der Darstellung der Hacks beziehen wir uns immer wieder auf das Periodensystem der KI mit seinen Elementen aus Kapitel 5. Dadurch werden die Elemente und die Anwendungsfelder leichter nachvollziehbar.

In jedem Fall versprechen wir Ihnen eine kurzweilige Lektüre von ziemlich genialen Praxisideen, bevor wir dann in den Kapiteln 7 (KI aus Sicht der Unternehmensbereiche) und 8 (KI aus Sicht der Branchen) die Anwendungsfälle in relevante Sektoren aufteilen und bewerten wollen.

## 6.1 KI entwickelt und konstruiert

### 6.1.1 Hack #1: Trennwände für den A320

Für die kommende Version des Airbus Verkehrsflugzeugs A320 werden Trennwände und Verkleidungen mit Künstlicher Intelligenz konstruiert.[1]

Die Entwickler definieren Anforderungen und Restriktionen und erhalten als Ergebnis exotisch anmutende Wabenstrukturen.

Was auf den ersten Blick »annormal« aussieht und die Anmutung einer künstlerischen Skulptur besitzt, erfüllt aber höhere Stabilitätskriterien als die bisherigen Bauteile bei 40 Prozent weniger Gewicht.

### 6.1.2 Hack #2: Golfschläger virtuell testen

Auch der US-Hersteller von Golfschlägern Callaway nutzt KI in der **Produktentwicklung**[2]. Früher wurden für einen neuen Schläger 8 bis 10 Prototypen erstellt. Durch die Verwendung eines Generative-Design-Ansatzes[3] in der Entwicklung konnten 15.000

---

1   Vgl. Fuest, Benedikt: Künstliche Intelligenz: Diese Jobs fallen bald weg, in: DIE WELT, 07.12.2018, https://www.welt.de/wirtschaft/article159739614/Diese-Jobs-erledigt-kuenftig-die-kuenstliche-Intelligenz.html (abgerufen am 29.05.2022).

2   Vgl. Callaway Golf Announces New Epic Drivers And Fairway Woods: in: Callaway Golf Company, 15.01.2021, https://ir.callawaygolf.com/news-releases/news-release-details/callaway-golf-announces-new-epic-drivers-and-fairway-woods (abgerufen am 29.05.2022).

3   Vgl. Wunner, Felix/Tino Krüger/Bernd Giese: How AI-driven generative design disrupts traditional value chains, in: Accenture Industry X Magazine, 28.05.2020, https://www.accenture.com/us-en/blogs/industry-digitization/how-ai-driven-generative-design-disrupts-traditional-value-chains (abgerufen am 29.05.2022).

virtuelle Iterationsstufen des Schlägers entwickelt und getestet werden. Anbieter wie nTopology[4] stellen bereits komplette Softwarepakete für diese Anwendungen zur Verfügung.

**Verwendete KI-Elemente**
- [Ir] Image Recognition
- [Ii] Image Identification
- [Gr] General Recognition
- [Gi] General Identification
- [Pi] Predictive Inference
- [Ps] Problem Solving
- [Cm] Communication

## 6.2    KI erkennt und findet

### 6.2.1    Hack #3: Bilderkennung für Bestellungen

Beim Mittelständler Nico Fahrzeugteile GmbH werden Ersatzteile von einer KI-Anwendung anhand von eingereichten Bildern der Besteller erkannt[56].

Damit das immer gelingt, muss die KI-Anwendung kontinuierlich neue Ersatzteile »kennenlernen«. Dafür werden Bilder der Ersatzteile aus unterschiedlichen Perspektiven und mit unterschiedlichen Hintergründen benötigt, ein Verfahren, das manuell viel zu aufwändig für den Praxiseinsatz wäre.

Daher wurde ein weiteres KI-System zur **automatischen Bilderfassung** konstruiert, das mit einer herkömmliche Webcam über einer rotierenden Platte die zu erfassenden Teilen von allen Seiten aufnimmt, diese freistellt und dann mit unterschiedlichen Hintergründen versieht, um so den Datensatz für das Training der KI zu liefern.

---

4    Vgl. nTopology | Engineering, Design & Simulation Software: in: nTopology, 11.04.2022, https://ntopology. com/ntopology-software/ (abgerufen am 29.05.2022).

5    Vgl. Falke, Diana: Automatische Datenerfassung zum Training von KI, in: Kompetenzzentrum, 26.02.2021, https://betrieb-machen.de/ki-trainieren-mit-automatischer-datenerfassung/ (abgerufen am 29.05.2022).

6    Vgl. Booklet KI im Mittelstand: in: Plattform Lernende Systeme, 2020, https://www.plattform-lernende-systeme.de/booklet-include-elemente.html#:~:text=NICO (abgerufen am 29.05.2022).

### 6.2.2    Hack #4: Betrugsversuche entdecken

Die **Nürnberger Versicherung** analysiert im Schadensprozess die eingereichten Schadensbilder mit KI-Unterstützung[7]. Auf diese Weise sollen Bildqualität und -aufbau auf mögliche **Betrugsversuche** durch manuelle Bildbearbeitung überprüft werden. Auf diese Weise werden Mitarbeiter:innen bei der sachlichen Prüfung von Schadensfällen unterstützt.

### 6.2.3    Hack #5: Kostenvoranschläge erstellen

Auch bei der Werkstattgruppe Restemeier in Osnabrück vereinfacht eine KI-Lösung den Schadensprozess – wenn auch aus einer ganz anderen Perspektive[8]. Geschädigte Autobesitzer können in einem geführten **Schadenassistenten** einen Online-Kostenvoranschlag[9] zur Einreichung bei ihrem Versicherer erstellen.

Das ist hilfreich auch und besonders, wenn eine tatsächliche Reparatur nicht geplant ist.

Als Basis dienen u. a. eingereichte Bilder und Fahrzeugpapiere, die im Netzwerk einiger eingebundener Partnerwerkstätten online eingeschätzt und begutachtet werden. Hier unterstützt ein Deep Learning Ansatz dabei, die Qualität stetig zu verbessern.

**Verwendete KI-Elemente**
- [Ir] Image Recognition
- [Ii] Image Identification
- [Te] Text Extraction
- [Lu] Language Understanding
- [Pi] Predictive Inference
- [Lc] Category Learning
- [Cm] Communication

---

7    Vgl. Nachrichten, N-Tv: Für mittelständische Unternehmen: Wie die KI Wettbewerbsvorteile verschafft, in: n-tv.de, 23.08.2021, https://www.n-tv.de/wirtschaft/sinnvestieren-statt-investieren/Wie-die-KI-Wettbewerbsvorteile-verschafft-article22712464.html (abgerufen am 29.05.2022).

8    Vgl. Künstliche Intelligenz für den Mittelstand – PLS: in: Plattform Lernende Systeme, 2022, https://www.plattform-lernende-systeme.de/mittelstand.html (abgerufen am 29.05.2022).

9    Vgl. Mr fiktiv: in: MMM Intelligence – building smart solutions, 2020, https://www.mmmint.ai/solutions/mrfiktiv/ (abgerufen am 29.05.2022).

## 6.3    KI hilft und vereinfacht

### 6.3.1    Hack #6: Serviceanfragen automatisieren

Der Küchenspezialist Bora bearbeitet eingehende E-Mails von Kunden und Handels-partnern mit einer auf KI basierenden Kundenservicesoftware.[10] Sie löst automatisch Folgeaktivitäten aus und liefert Mitarbeitern und Mitarbeiterinnen im **Kundenservice** vordefinierte Antworten.

Auf diese Weise werden 20 Prozent der Anfragen automatisiert verarbeitet, um Raum für herausfordernde Einzelanfragen zu schaffen.

Ebenso wie Bora setzen viele Unternehmen KI in erster Linie im Bereich der intelli-genten Automatisierung von Routinevorgängen an der Schnittstelle zum Kunden ein. Unter anderem zur inhaltlichen Erfassung von Gehaltsnachweisen und eingereichten Belegen in Antragsstrecken (Leasing, Baufinanzierung), zur automatisierten Beant-wortung von E-Mails oder Klärung von Fragen durch Sprach- und Chatbots.

### 6.3.2    Hack #7: Interaktiver Einkaufsführer

Die Ortlieb Sportartikel GmbH setzt einen KI-basierten Assistenten für die Online-Einkaufsprozesse seiner Kunden ein[11]. Auf Basis von Interviews mit den erfahre-nen Verkaufsberater:innen wurden die in der Praxis angefragten Produkte und die korrelierenden Kundenbedürfnisse und Anwendungsbereiche systemisch erfasst. Entstanden ist ein interaktiver Einkaufsführer. Prinzipiell sind solche geführten Ein-kaufs-Assistenten zumeist nicht KI-basiert, sondern wie ein regelbasierter Entschei-dungsbaum konzipiert. Im konkreten Fall wurde der Assistent zusätzlich mit einem dynamischen Abgleich zwischen den Kundenpräferenzen und dem Artikelsortiment erweitert. Er lernt also aus den positiven Empfehlungen der Nutzung anderer, ähn-licher Kunden.

### 6.3.3    Hack #8: Smarte Flugsuche

Hopper.com startete ursprünglich als mobile App für Flugbuchungen, die ihren Kun-den eine Information zur Verfügung stellen kann, die bisher niemand in der Reisebran-

---

10    Vgl. Türling, Veerle: KI im Kundenservice: Einführung intelligenter Software, in: Smart Business Cloud, 05.06.2020, https://www.smartbusinesscloud.de/ki-im-kundenservice-einfuehrung-intelligenter-software/ (abgerufen am 29.05.2022).

11    Künstliche Intelligenz für den Mittelstand – PLS, 2022.

che angeboten hatte: Eine Empfehlung, ob es sich lohnt den Flug jetzt zu buchen, oder noch zu warten. Und das Beste daran: Die Empfehlung ist in 95 % der Fälle korrekt[12].

Dazu hat Hopper.com über viele Jahre Flugbuchungsdaten aus aller Welt gesammelt. Schon im Jahr 2018 war auf diese Weise eine einzigartige Datenbank entstanden, die 6 Billionen historische Flugpreise enthält und mit 300 Milliarden neuen Flugpreisen pro Monat wächst. Mit Hilfe dieser Daten kann eine KI die Vorhersagen für zukünftige Preise auf diese Weise exakt abbilden.

### Disruption: Vom Reiseanbieter zum FinTech-Unternehmen

Aus dem Suchverhalten der Benutzer konnte man bald weitere Vorhersagen machen und hat Flüge vorgeschlagen, die ursprünglich gar nicht nachgefragt wurden (Beispiel: Anfrage NewYork-> Rom, Vorschlag: NewYork-> Mailand, da in der Regel sehr viel billiger). Heute sind 25 Prozent aller Buchungen solche, die von der KI vorgeschlagen wurden. Zusätzlich wurden auch Hotelbuchungen in das Angebot aufgenommen. Das alles hat so gut funktioniert, dass Hopper noch einen Schritt weiter gegangen ist und den Kunden heute anbietet, den aktuellen Preis gegen eine kleine Gebühr »einzufrieren«. Damit übernimmt Hopper das Risiko, dass der Preis steigt. Damit ist Hopper kein reiner Reiseanbieter mehr, sondern ein FinTech-Unternehmen, das Risiken übernimmt. Heute stammen 70 Prozent des Umsatzes von Hopper.com aus diesem Bereich. Ein klarer Fall für die Disruption einer Branche.

### Verwendete KI-Elemente

- [Te] Text Extraction
- [Lu] Language Understanding
- [Pi] Predictive Inference
- [Lc] Category Learning
- [Pl] Planning
- [Cm] Communication

## 6.4   KI analysiert und optimiert

### 6.4.1   Hack #9: Maschinenbetrieb optimieren

Kunden der Heidelberger Druck können die Messparameter ihrer eingesetzten Maschinen auf Basis der Analyse tausender weiterer Maschinen analysieren und optimieren. Die eingesetzte KI erkennt im Diagnoseprozess Auffälligkeiten und gibt Hinweise

---

12   Vgl. O'Neill, Sean: Online travel Hopper's metamorphosis from flight selling to fintech, in: Skift, 17.08.2021, https://skift.com/2021/08/17/online-travel-hoppers-metamorphosis-from-flight-selling-to-fintech/ (abgerufen am 04.06.2022).

für Maßnahmen zur Optimierung. Die sogenannte **Performance Advisor Technology (PAT)** leistet damit KI-basierte Prozessberatung, die Kunden dazu nutzen, die Leistung ihrer Betriebsabläufe in der Druckerei zu verbessern[13]

### 6.4.2   Hack #10: Lagerlogistik optimieren

Einen ähnlichen Ansatz hat die **META-Regalbau GmbH & Co. KG** bei der Optimierung Ihres eigenen Lagersystems verwendet. Verfolgt wurde allerdings das Ziel, durch die Erfassung von Laufwegen und die möglichen Kombinationen bestellter Produkte die eigene Lagerlogistik zu optimieren. Erfasst wurden die Bewegungsdaten im Übrigen durch das sogenannte **Motion Mining** durch Sensoren an den Laufwegen[14].

### 6.4.3   Hack #11: Vorausschauende Wartung

Der Kunststoffproduzent Indeca-Dreusicke[15] optimiert mithilfe von KI den aufwändigen Wartungsprozess seiner Spritzgussanlagen. Auch hier erfolgt das Training auf Basis von erfassten Betriebsparametern (u. a. Geräuschveränderungen während der Produktion). Mit der KI-Lösung werden optimale Zeitfenster für die Wartung und Reparatur (Predictive Maintenance) der Spritzgussteile ermittelt[16].

### 6.4.4   Hack #12: Sturzrisiko ermitteln

Das KI-Start-up Lindera nutzt KI, um eine digitale Pflegeapplikation auf den Markt zu bringen, die das **Sturzrisiko** für Patienten allein durch eine Beobachtung mit dem Smartphone einschätzen kann[17]. Dabei hilft die KI dabei ein 3D-Motion-Tracking aufzubauen, das allein mit Hilfe der Kamera eines Smartphones relevante Bewegungsparameter ermittelt. Mit dieser Applikation können Patienten selbständig ihr Sturzrisiko zuverlässig nach Expertenstandard ermitteln und entsprechende Maßnahmen ergreifen. Nach einer klinischen Studie kann damit das **Sturzrisiko um bis zu 15 % gesenkt** werden[18].

---

13  Vgl. Künstliche Intelligenz sorgt für mehr Performance in Druckereien: in: Heidelberger Druckmaschinen AG, 10.05.2021, https://www.heidelberg.com/global/de/about_heidelberg/press_relations/press_release/press_release_details/press_release_157760.jsp (abgerufen am 04.06.2022).

14  Vgl. Booklet KI im Mittelstand: in: Plattform Lernende Systeme, o. D., https://www.plattform-lernende-systeme.de/booklet-include-elemente.html#:%7E:text=META (abgerufen am 04.06.2022).

15  Vgl. Startseite: in: India Berlin, 08.02.2022, https://india-berlin.de/ (abgerufen am 04.06.2022).

16  Vgl. Booklet KI im Mittelstand – INDIA DREUSICKE: in: Plattform Lernende Systeme, o. D., https://www.plattform-lernende-systeme.de/booklet-include-elemente.html#:%7E:text=INDIA (abgerufen am 04.06.2022).

17  Vgl. Die Lindera SturzApp: in: Lindera, 19.05.2022, https://www.lindera.de/produkte/pflege/ (abgerufen am 04.06.2022).

18  Vgl. Dovgucic, Alissa: Charité-Studie: Lindera-App senkt das Sturzrisiko langfristig, in: Lindera, 16.02.2022, https://www.lindera.de/pflegeberuf/charite-studie-lindera-app-aoknordost/ (abgerufen am 04.06.2022).

**Verwendete KI-Elemente**
- [Ir ] Image Recognition
- [Ii ] Image Identification
- [Gr] General Recognition
- [Gi] General Identification
- [Pi] Predictive Inference
- [Lc] Category Learning
- [Dm] Decision Making
- [Pl] Planning
- [Cm] Communication
- [Ct] Control

## 6.5   KI vermeidet Fehler

### 6.5.1   Hack #13: Produktionsfehler erkennen

Auch bei der Delta T Hitzeschutz und Isolation GmbH kommt KI im Bereich der **Qualitätssicherung** in der Produktion ihrer speziellen Feuerschutztextilien zum Einsatz. Mithilfe einer Bildanalyse werden selbst kleinste Abweichungen beim Einarbeiten von Druckknöpfen erkannt, die vorher im Vertrieb zu Retouren führten.[19]

### 6.5.2   Hack #14: Anomalien vermeiden

Auch bei der Plastikpack GmbH kommt KI im Produktionsprozess zur **Vermeidung von Anomalien** (also: Qualitätssicherung) zum Einsatz. Produktionsfehler sind bei der Herstellung von Plastikkanistern für Gefahrgüter teuer. Denn sie fallen häufig erst nach einigen Stunden der Produktion auf. Heute werden Sensordaten (Druck, Temperatur u.ä.) des Materials erfasst und auffällige Veränderungen ermittelt.[20]

---

19   Vgl. Kleiner Druckknopf, große Wirkung – optische Qualitätssicherung mit KI in der Konfektion: in: Mittelstand 4.0 Kompetenzzentrum Textil vernetzt, 18.10.2021, https://www.kompetenzzentrum-textil-vernetzt.digital/erfolgsgeschichten/details/delta-optische-qualitaetssicherung-mit-ki-in-der-konfektion.html (abgerufen am 04.06.2022).

20   Vgl. Künstliche Intelligenz für die Maschinengesundheit: in: Smart Factory Owl, o. D., https://smartfactory-owl.de/portfolio-item/intelligente-zustandsueberwachung-in-der-kunststofffertigung-2/ (abgerufen am 04.06.2022).

### 6.5.3   Hack #15: Geräte analysieren

Auch der Elektronikhersteller Hitachi verwendet KI in seinen Industrieprodukten. Sie beinhalten eine Bildanalyse, um Objekte zu erkennen, Strukturen abzuschätzen und andere Daten direkt auf den Geräten vor Ort zu analysieren. In Zusammenarbeit mit den Produktionsexperten können auf diese Weise in jeder Art von Produktionsprozess sofort Entscheidungen getroffen und Anpassungen vorgenommen werden.[21]

**Verwendete KI-Elemente**
- [Gr] General Recognition
- [Gi] General Identification
- [Ir ] Image Recognition
- [Ii ] Image Identification
- [Pi] Predictive Inference
- [Lc] Category Learning
- [Dm] Decision Making
- [Pl] Planning
- [Cm] Communication
- [Ct] Control

## 6.6   KI sagt die Zukunft voraus

### 6.6.1   Hack #16: Krebsdiagnostik

Die MindPeaks GmbH unterstützt im Institut für Hämatopathologie Hamburg und der Charité in Berlin die **Krebsdiagnostik** mithilfe von KI-Anwendungen. Dazu analysiert die KI Gewebeproben eines Patienten und identifiziert und zählt Krebszellen, eine Arbeit, die üblicherweise von hochqualifizierten Pathologen durchgeführt wird. Das KI-Verfahren kann auch seine eigenen Grenzen erkennen und bei Auffälligkeiten eine Gewebeprobe zur manuellen Prüfung durch Experten weiterleiten. Bis zu 90 Prozent des Zeit- und Arbeitsaufwands werden auf diese Weise eingespart.[22]

---

21  Vgl. Hitachi Launches »Hitachi Industrial Edge Computer CE series Embedded AI model«: in: Hitachi, 01.02.2021, https://www.hitachi.com/New/cnews/month/2021/02/210201.html (abgerufen am 04.06.2022).

22  Vgl. Brune, Gunnar: Mit AI-Unterstützung kann man Krebs spezifischer therapieren und Nebenwirkungen vermeiden, in: AI for Hamburg GmbH, 31.05.2022, https://ai.hamburg/mit-ai-unterstutzung-kann-man-krebs-spezifischer-therapieren-und-nebenwirkungen-vermeiden/ (abgerufen am 04.06.2022).

### 6.6.2   Hack #17: Prakinsondiagnostik

Ein hochinteressantes Einsatzgebiet für KI haben wir auf der AAAI Conference[23] kennengelernt. Hier werden die Smartphone- bzw. Wearable-Daten von potenziellen Parkinsonpatienten erfasst und laufend ausgewertet: Insbesondere Gang, Stimme, Puls und das Abschneiden in eingespielten Gedächtnistests. Das Vorgehen unterstützt Ärzte bei der Beurteilung und beugt Fehlurteilen vor. Die Langzeitkosten für **Parkinsonerkrankungen** allein in den USA liegen bei fast 30 Mrd. US-Dollar. Und je früher die Krankheit diagnostiziert wird, umso geringer fallen diese Kosten aus.[24]

### 6.6.3   Hack #18: Hurrikans vorhersagen

Auf der AAAI lernten wir auch das **Vorhersagemodell für Hurrikans** kennen: Mit KI können Wissenschaftler mittlerweile die Zugbahn eines Hurrikans bis zu 6 Stunden vorhersagen. Es gibt zahlreiche Beispiele in der Unfall- und Katastrophen-Forschung, mit denen wir in den kommenden Jahren Schäden eingrenzen und vor allen Dingen Menschenleben retten werden.[25]

### 6.6.4   Hack #19: Produktionsanlagen warten

Der Anbieter für komplexe Hochleistungsventile Samson nutzt KI zur Überwachung und Diagnose seiner gesamten Produktionsanlage. Durch die Digitalisierung und Vernetzung der beim Kunden platzierten Anlagen kann auf eine große Datenbasis zugegriffen werden. Auch hier ist das Ziel, bereits Tage und Wochen im Voraus Hinweise auf **bevorstehende Ausfälle** zu erhalten und die Verfügbarkeit der Produktion zu erhöhen.[26]

---

23  Vgl. AAAI 2019 Conference | Thirty-Third AAAI Conference on Artificial Intelligence: in: AAAI, o. D., https://aaai.org/Conferences/AAAI-19/ (abgerufen am 04.06.2022).

24  Vgl. Schwab, Patrick/Walter Karlen: PhoneMD: Learning to Diagnose Parkinson's Disease from Smartphone Data, in: Proceedings of the AAAI Conference on Artificial Intelligence, Bd. 33, 2019, https://arxiv.org/abs/1810.01485.

25  Vgl. Parasuraman, Kamban: Hurricane Path Prediction using Deep Learning – Kamban Parasuraman, in: Medium, 10.12.2021, https://medium.com/@kap923/hurricane-path-prediction-using-deep-learning-2f9fbb390f18 (abgerufen am 04.06.2022).

26  Vgl. SAM GUARD | Überwachungs- und Diagnosesystem: in: Samson AG, o. D., https://www.samsongroup.com/de/produkte-anwendungen/digitale-loesungen/sam-guard/ (abgerufen am 04.06.2022).

### 6.6.5   Hack #20: Stillstände vermeiden

Auch in den Walzwerken der Achenbach Buschhütten GmbH & Co. KG geht es um **vorausschauende Wartung** und die **Vermeidung von Betriebsstillständen**. KI kommt hier in Form von Datenzusammenfassungen (Data Summaries) aus der Analyse von Zeitreihen des Datenstroms der Folien-Walzanlagen zum Einsatz. Diese Zusammenfassungen visualisieren die wesentlichen Besonderheiten und vereinfachen dadurch die Steuerung durch Fachkräfte – auch ein wunderbares Beispiel für die Zusammenarbeit von Mensch und Maschine.[27]

**Verwendete KI-Elemente**
- [Ir ] Image Recognition
- [Ii ] Image Identification
- [Gr] General Recognition
- [Gi] General Identification
- [Pi] Predictive Inference
- [Lc] Category Learning
- [Dm] Decision Making
- [Pl] Planning
- [Cm] Communication
- [Ct] Control

---

27   Vgl. Oster, Ann-Kathrin: Booklet KI im Mittelstand, in: Plattform Lernende Systeme, 05.08.2021, https://www.ml2r.de/booklet-der-plattform-lernende-systeme-ki-im-mittelstand/ (abgerufen am 04.06.2022).

# 7 KI aus Sicht der Unternehmensbereiche

KI kann uns helfen, uns auf jene Sequenzen der Wertschöpfung zu fokussieren, die uns Menschen nahe liegen: Kreativität, Einfühlungsvermögen, Kommunikationsgeschick.

KI wird Arbeitsplätze überflüssig machen, aber nicht die Menschen. Wenn die Unternehmensleitung weiß, dass bestimmte Berufsbilder von der Substitution durch KI betroffen sind und mittelfristig wegfallen werden, kann (und muss) sie Mitarbeitende schulen und nahtlos in neue Rollen überführen. KI ist ein bedeutender Baustein in der vielleicht größten sozioökonomischen Transformation unserer Welt.

In diesem Kapitel stellen wir Ihnen relevante Anwendungsfälle von KI aus Sicht von wichtigen **Unternehmensbereichen** vor.

Wenn Sie bis hierhin den aufgezeigten Perspektiven gefolgt sind, werden Sie sicherlich unsere Meinung teilen:

> **Es gibt praktisch keinen Unternehmensbereich,**
> **der nicht von KI-Einsatz profitiert – oder profitieren könnte.**

Denn KI kann das Verhalten und die Präferenzen von Kunden und Mitarbeitenden einschätzen, Routineaufgaben intelligent automatisieren und uns im wahrsten Sinne des Wortes dabei helfen, die Erkenntnis im Datenhaufen zu finden. Und wenigstens eine dieser Fähigkeiten kann innerhalb Ihrer Organisation eingesetzt werden.

Einige Unternehmensbereiche setzen KI in mehreren **Sektoren** ein, um ganz unterschiedliche Ziele zu erreichen: KI hilft dabei, effizientere Abläufe zu etablieren, verbesserte Produkte zu entwickeln und datengetriebene Entscheidungen zu treffen. Aber entscheidende Fragen sind in diesem Zusammenhang:

- Welche Sektoren sind aus Sicht des jeweiligen Unternehmensbereichs besonders relevant, wenn es um den Einsatz von KI-Lösungen geht?
- Welche Ergebnisse sollten Sie erwarten, mit welchen Herausforderungen sollten Sie rechnen?

Wir wollen in diesem Kapitel den Einsatz von KI-Lösungen auf einer Reise durch viele relevante Unternehmensbereiche beleuchten. Wir werden aus Sicht dieser Bereiche jene Anwendungsfälle anschauen, die durch den Einsatz von KI erfolgreich optimiert oder operationalisiert werden. Wir werden diese **Anwendungsfälle in Sektoren** zusammenfassen und Empfehlungen für die relevanten strategischen und operativen Einsatzfelder aussprechen.

Dabei starten wir bei der wichtigsten Ressource jeder Unternehmung: dem Menschen. Denn lassen Sie uns diese Leitlinie klar formulieren:

**Der Mensch als moralische Instanz ist die zentrale Leitlinie algorithmischer Entscheidungen. Dem Menschen dient der Gewinn an Unterstützung, Erkenntnis, Produktivität.**

Wir betrachten die strategischen KI-Entwicklungen daher **zunächst aus der Mitarbeiter- und Managementperspektive**, bevor wir danach KI-Anwendungsfälle für jeden relevanten Unternehmensbereich bewerten wollen.

Lassen Sie uns also diesen grundlegenden Fragestellungen nachgehen:
- Was macht ein Unternehmen intelligent?
- Was sind datengetriebene Unternehmensentscheidungen?
- Und was hat das mit der Unternehmensstrategie zu tun?

## 7.1   Das intelligente Unternehmen

Reden wir also über Intelligenz und in diesem Zusammenhang über Strategien und Entscheidungen auf Basis von Daten.

Strategie, ein zunächst militärischer Begriff, stammt aus dem Altgriechischen und meint Feldherrenkunst. Entsprechend hieß der Feldherr »stratēgós«.

Über Jahrhunderte hinweg war der Begriff der Strategie auf den militärischen, aber nicht auf einen unternehmerischen Kontext gemünzt. Das hat sich eigentlich erst nach dem Ende des zweiten Weltkriegs gewandelt. Stabilere politische und wirtschaftliche Rahmenbedingungen erlaubten es den **Unternehmen**, langfristig zu planen. Und man erkannte, dass Unternehmen – genau wie Armeen – Strategien zur Durchsetzung ihrer Ziele benötigen.[1]

Zudem hatte man nun **Daten** zur Verfügung, die mithilfe der ersten Großrechner, die in Unternehmen eingesetzt wurden, zu strategischen Planungszwecken genutzt werden konnten.[2]

Strategische **Entscheidungen** konnten damit erstmals auf allen verfügbaren Fakten basiert werden und waren nicht mehr von der – in komplexen Situationen oft versagenden – Intuition der Unternehmenslenker abhängig.

---

1   Vgl. Chandler, Alfred: Strategy and Structure: Chapters in the History of the Industrial Enterprise, Cambridge, Massachusetts, USA: The MIT Press, 1962.
2   Vgl. Lepore, Jill: If Then: How One Data Company Invented the Future, 01. Aufl., London, UK: John Murray, 2020

Mit zunehmenden Verbreitung der IT in weitere Unternehmensprozesse, wurden immer mehr Daten verfügbar, die auch auf taktischer und operativer Ebene vom mittleren Management genutzt werden konnten, um faktenbasierte Entscheidungen zu treffen. Schnell war auch hier klar, dass sogenannten **Entscheidungsunterstützungssysteme** (**Decision Support Systems** oder **Business Intelligence**) nötig sind, um die Flut der Daten sinnvoll zu nutzen.

Das »**Intelligente Unternehmen**« ist also eine Organisation, die dem Prinzip der **Datenachtsamkeit** folgt, um aus der laufenden Bewertung interner und externer Faktoren jederzeit bestmögliche Unternehmensentscheidungen zu treffen. Intelligente Unternehmen messen Zustände und Rahmenbedingungen über Sensoren (operative IT wie ERP oder CRM), analysieren diese und empfehlen Entscheidungen über Aktuatoren (Business Intelligence Systeme).

Das Prinzip **datengetriebener Entscheidungen** ist in jedem Unternehmensbereich relevant. Bevor wir uns also nun den Bereichen zuwenden, wollen wir der Frage auf den Grund gehen, wie Unternehmen KI einsetzen wollen und wer im Unternehmen den Einsatz von KI maßgeblich verantwortet und treibt.

## 7.2    Wo und wie KI bereits eingesetzt wird

Der Digitalverband Bitkom hat über 300 Unternehmen[3] , die nach eigenen Angaben KI bereits einsetzen, nach den Einsatzfeldern und betroffenen Unternehmensbereichen befragt.

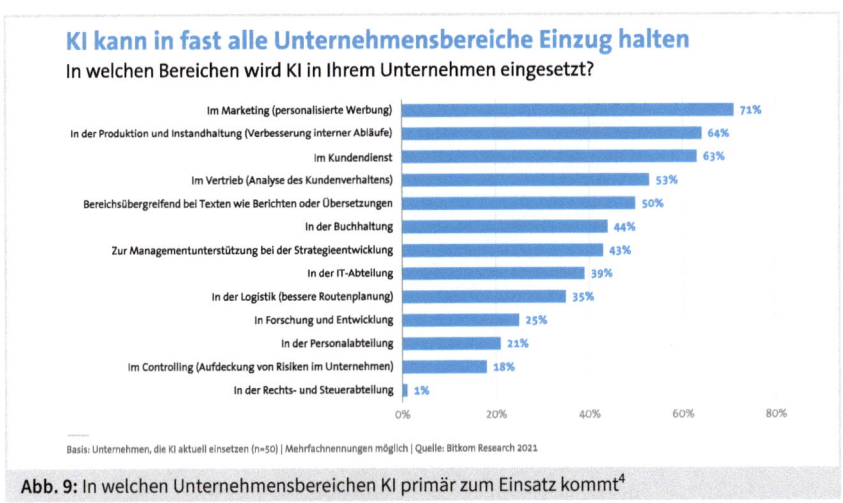

**Abb. 9:** In welchen Unternehmensbereichen KI primär zum Einsatz kommt[4]

---

3    Bitkom e. V., 2021.
4    Bitkom e. V., 2021.

Die Fähigkeit von KI Texte zu erschließen (50 Prozent), ist sicher dafür verantwortlich, dass primäre Einsatzgebiete in Kundendienst (63 Prozent) und Vertrieb (53 Prozent) verortet sind. Anwendungsfelder in der IT selbst sind für unseren Geschmack etwas unterrepräsentiert. Auf viele hier genannte Unternehmensbereiche werden wir in den folgenden Kapiteln eingehen.

**Wer KI im Unternehmen heute einsetzt**
Nachdem wir nun eine Vorstellung davon haben *wo* (Unternehmensbereich) KI in Unternehmen zum Einsatz kommt, stellt sich die Frage, *wer* (Zuständigkeit) mit der Einführung und strategischen Entwicklung von KI im Unternehmen betraut wird.

Bei der Betrachtung der repräsentative Studie des Bitkom wird deutlich: Meistens sind es die **IT-Abteilungen**, die mit der Einführung und dem Betrieb von KI-Lösungen beauftragt sind. Je größer die Unternehmen sind, umso eher wurden hierfür sogar **dedizierte Teams** in der IT geschaffen. In mittleren (23 Prozent) und großen Unternehmen (32 Prozent) ist der KI-Einsatz in die Verantwortung des CDO's oder einer Einzelperson gelegt worden.

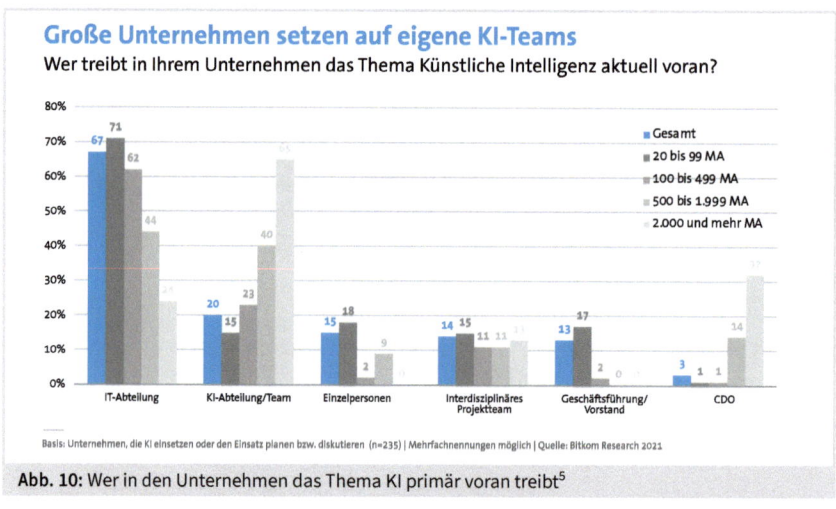

Abb. 10: Wer in den Unternehmen das Thema KI primär voran treibt[5]

Nur 3 Prozent der Unternehmen entwickeln laut einer Studie Ihre KI-Anwendungen eigenständig, ohne auf kommerzielle Anwendungen zurückzugreifen. Diesen Aspekt möchten wir in Kapitel 13.1 ff bei unseren abschließenden Empfehlungen zur »Make-or-Buy« Frage noch aufgreifen. Und: Sechs von zehn Unternehmen (57 Prozent) nutzen fertige Tools von externen Anbietern. Zum Einsatz kommen vor allem Anwendungen aus Deutschland.

---

5    Bitkom e. V., 2021.

Nur in jedem siebten Unternehmen (14 Prozent) wurden bereichsübergreifende Teams geschaffen, um KI-Anwendungen erfolgreich einzuführen. Offensichtlich werden KI-Anwendungen in erster Linie als »Software« verstanden, deren Betrieb traditionell in der IT gesteuert wird.

Wir möchten an dieser Stelle nicht unerwähnt lassen, dass wir diese Entwicklung für problematisch erachten. Denn die Entwicklung einer KI-Strategie und die Einführung und Skalierung von Anwendungen ist nicht ohne Weiteres mit dem traditionellen Vorgehen beim Ausrollen neuer Tools oder Betriebssysteme vergleichbar. Denn die Auswirkungen auf die Arbeitskultur sind oft erheblich. Und zu viel »IT-Denke« kann bei der erfolgreichen Skalierung von Anwendungen aus der »Laborumgebung« in den Betrieb durchaus störend wirken. Auf diesen Umstand gehen wir in Kapitel 13.1.3 »Warum KI-Projekte scheitern« ein.

## 7.3   KI und Mitarbeitende

Was bedeutet es für die Mitarbeitenden eines Unternehmens, wenn das Unternehmen datengetrieben geleitet und KI-Anwendungen eingeführt werden?

Bereits jetzt haben Maschinen einfache Tätigkeiten in Produktion und Dienstleistung übernommen. In naher Zukunft wird KI auch kognitive Wertbeiträge und komplizierte Aufgaben von den Mitarbeiten übernehmen.

### 7.3.1   Herausforderung: Die drohende Substitution der Mitarbeitenden durch KI

Die Studie des Instituts für Arbeitsmarkt- und Berufsforschung (IAB) geht davon aus, dass von den gut 45 Millionen Arbeitsverhältnissen in Deutschland über 11 Millionen potenziell durch diese Technisierung ersetzt (substituiert) werden können[6].

Natürlich werden Branchen und Berufsgruppen in unterschiedlicher Weise und Umfang von dieser Substitution betroffen sein. Das IAB schätzt, dass Potenzial zur Substitution vor allem in Fertigungs-, Helfer- und Fachkraftberufen besteht, weniger jedoch im Kultur- und Sozialbereich.

---

6   Vgl. Substituierbarkeitspotenziale_kb1321 | IAB: in: Institut für Arbeitsmarkt- und Berufsforschung, 13.07.2021, https://www.iab.de/de/informationsservice/presse/presseinformationen/kb1321.aspx (abgerufen am 29.05.2022).

**KI wird in der gesamten Employer Experience relevant**
Aus Sicht der Mitarbeitenden in Organisationen gilt: KI wird in der gesamten Mitarbeitererfahrung (Employer Experience) relevant werden. Von der Rekrutierung über Weiterbildung und Wissensmanagement. KI-Lösungen können Erkenntnisse *von* und *für* Mitarbeitende erschließen und eine Optimierung von Abläufen in der Organisation unterstützen.

Oder wird die Entwicklung die Mitarbeitenden auf lange Sicht überflüssig machen?

Bietet diese Entwicklung also die Chance, menschliche Fähigkeiten zu verstärken und uns mit Superkräften auszustatten?

Dienen die Maschinen uns, oder dienen wir womöglich den Maschinen?

Der strategische Einsatz von KI in Unternehmen erweist sich aus Sicht der Mitarbeitenden allerdings problematisch. Denn KI kann zur »Entmenschlichung« von Arbeit führen: ehemals den Menschen vorbehaltene Tätigkeiten werden womöglich schneller, präziser und günstiger von Maschinen als von Menschen erbracht.

Wenn wir uns dieser Problematik aus der Perspektive der politischen Ökonomie nähern, stellen wir nüchtern fest:

**Gewinnmotiv vor Erwerbsmotiv**
Arbeitsverhältnisse sind in erster Linie dem **Gewinnmotiv der Unternehmerschaft** und nicht dem **Erwerbsmotiv der Mitarbeitenden** untergeordnet. Arbeit und Leistung werden überwacht und gemessen und letztlich durch den Arbeitgebenden durch Lohn bezahlt.

**Frage:** Kann KI dazu beitragen, dass das Erwerbsmotiv der Mitarbeitenden gleichrangig mit dem Gewinnmotiv der Unternehmerschaft behandelt wird?

**Arbeitsteilung statt Ganzheitlichkeit**
Schon seit es Institutionen gibt, prägt die **Arbeitsteilung** deren Aufbau- und Ablauforganisation. Das hatte lange vor Adam Smith, der das Prinzip als essenziellen Treiber der Produktivität erkannt hat[7], schon Plato als eine der Grundbedingungen für einen funktionierenden Staat ausgemacht[8]. Das Konzept der Arbeitsteilung ist mit zuneh-

---

7   Vgl. Wikipedia contributors: The Wealth of Nations – Book I: Of the Causes of Improvement in the productive Powers of Labour, in: Wikipedia, 23.05.2022, https://en.wikipedia.org/wiki/The_Wealth_of_Nations#Book_I:_Of_the_Causes_of_Improvement_in_the_productive_Powers_of_Labour (abgerufen am 29.05.2022).

8   Vgl. The Project Gutenberg: The Republic by Plato – Book II, in: The Project Gutenberg, 1998, https://www.gutenberg.org/files/1497/1497-h/1497-h.htm#:%7E:text=And%20now%20let%20us%20see,Quite%20right . (abgerufen am 29.05.2022).

mender Komplexität der industrialisierten Prozesse weiter verfeinert worden. Mitarbeitende übernehmen immer kleinere Sequenzen an der Produktion. Die negative Seite dieser Entwicklung ist schon häufig beschrieben worden: Menschen entfernen sich durch die Fokussierung auf Teilsequenzen immer mehr vom Kern der Wertschöpfung, an der sie mitwirken. Früher haben sie ein Auto zusammengebaut, heute befestigen sie vielleicht nur den Tank. Früher haben sie eine gesamte Baufinanzierung durchgeführt, heute prüfen sie vielleicht nur die Grundbuchauszüge.

**Frage:** Kann KI dazu beitragen, dass Mitarbeitende wieder deutlich näher am Kern der Wertschöpfung tätig sind?

### Wie wird KI in Unternehmen bzgl. der Mitarbeitenden eingesetzt?

Mit Maschinen und KI gibt es neue »Akteure« in den Unternehmen. Sie ersetzen nicht nur die physische Arbeitskraft, sondern zunehmend den **kognitiven Wertbeitrag** des Menschen. Mehr noch: Sie übernehmen Aufgaben und Entscheidungen – bis hin zur Steuerung der Arbeitnehmenden selbst. Das ist nicht unproblematisch. In diesem Geschäftsmodell stellt sich die Frage: Wer kontrolliert wen?

Beispiel: Der größte Lieferdienst für Essen Lieferando hat einen geschätzten Börsenwert von 35 Mrd. US-Dollar. Die Abläufe – und damit auch die Mitarbeitenden – werden durch einen Algorithmus gesteuert, der ihnen genaue Anweisungen gibt, wann sie wo welche Ware verbringen.

Die Frage der Mitarbeitenden im Kontext der Unternehmen ist also berechtigt: Wird die KI meine Arbeit verändern? Wird die Maschine mir bei meinem Teil der Wertschöpfung assistieren? Werde ich in Zukunft mit der Maschine kollaborieren? Oder werde ich mit meiner Arbeitsleistung von einer Maschine gesteuert? Welche Rolle spiele ich noch in der Gesamtwertschöpfung der Organisation?

Wie wir eingangs an der IAB Studie feststellen konnten: in vielen Arbeitsbereichen sind Tätigkeiten durch intelligente Maschinen substituierbar. Und ja: Natürlich werden wir Jobs verlieren.

### 7.3.2   Lösung: Mitarbeitende unterstützen statt ersetzen (Intelligence Augmentation)

Wir haben aber die Chance, diesen weiteren Schritt der Industrialisierung durch **Intelligence Augmentation (IA)** menschlich zu gestalten und dennoch das Erwerbsmotiv des Mitarbeitenden und das Gewinnmotiv des Arbeitgebenden auszubalancieren. Genauso wie wir die Chance auf gesündere Lebensmittel und energieschonendes Wohnen haben.

**Bei Intelligence Augmentation geht es darum, die Mitarbeitenden zu unterstützen, und nicht darum, ihre Arbeitskraft zu ersetzen.**

Die **kognitive Funktion** der Mitarbeitenden soll unterstützt werden – u. a. durch die Automatisierung von Routineabläufen oder kontextuelle Informationen zum jeweiligen Arbeitsvorgang. Deshalb wird IA auch als »Cognitive Augmentation« oder »Machine Augmented Intelligence« bezeichnet.

Der zentrale Gedanke bei der Intelligence Augmentation ist, dass intelligente Maschinen die Mitarbeitenden dabei unterstützen, unsere **Wissensarbeit** effizienter zu erledigen, anstatt uns Menschen vollständig zu ersetzen. KI kann im richtigen Moment und passend zum jeweiligen Kontext genau die passenden Informationen liefern, um unsere menschlichen Fähigkeiten bestmöglich abrufen zu können.

Wenn es in Kapitel 7.7 »KI in Customer Service und Back Office« um den kognitiven Wertbeitrag der Mitarbeitenden in der Kommunikation mit Kunden und Kundinnen gehen wird, werden wir diese Augmentation noch genauer betrachten. Sie funktioniert nämlich tatsächlich bereits sehr gut mit KI-Unterstützung.

Ein weiteres Einsatzfeld gelungener Augmentation zeigt sich in der Wartung von Maschinen durch Augmented Reality Services.[9]

In den nun folgenden Unterkapiteln werden wir Anwendungsfälle aus Sicht der Unternehmensbereiche beleuchten.

## 7.4   KI und die 4 Handlungsfelder der Unternehmensleitung

Nachdem wir in Kapitel 7.1 erläutert haben, was das »intelligente Unternehmen« und »datengetriebene Entscheidungen« ausmachen, wollen wir uns nun konkreter mit **Handlungsempfehlungen für das Management** auseinandersetzen. Denn der digitale Wandel – mit KI als seiner Kerntechnologie – zwingt Unternehmensleitungen dazu, diese Transformation zu moderieren.

Zu diesem Changemanagement gehört die erfolgreiche Abwägung zwischen den **Interessen der Mitarbeitenden** und der Förderung einer Kultur der **Akzeptanz** gegenüber dem technologischen Fortschritt.

---

9   Vgl. Wartung, Instandhaltung und Trainings mit VR/AR – Digitalisierung Verstehen: in: Feynsinn, 04.08.2021, https://www.feynsinn.de/digitalisierung-verstehen/2021/08/04/wartung-instandhaltung-und-trainings-mit-vr-ar (abgerufen am 06.06.2022).

**KI als Motor der Veränderung**

Wir möchten zunächst untersuchen, was Unternehmen offensichtlich daran hindert, sich mit KI als Motor der Veränderung auseinanderzusetzen.

Auch hier greifen wir auf die Erkenntnisse der KI-Studie des Digitalverbands Bitkom zurück. In ihr wurden jene Unternehmen, die sich derzeit nicht mit dem Einsatz von KI auseinandersetzen, nach den Gründen gefragt. Die Ergebnisse überraschen kaum: In erster Linie sind es fehlende Ressourcen, die die Unternehmensleitung hindern: in Form von Personal, Zeit, Investitionen, nicht verabschiedeter Datenstrategie und nicht abgesteckter Leitlinien.

An den fehlenden Fachkräften können wir nichts tun. Aber dieses Buch will einen Beitrag zum Verständnis für die Anwendungen der KI leisten und damit auch die unternehmerische Priorität des Themas unterstützen.

Wir wollen die Ergebnisse der KI-Studie mit unseren eigenen Praxiserfahrungen erweitern und daraus im Folgenden **4 Handlungsfelder** identifizieren und erläutern.

## 7.4.1   Handlungsfeld 1: Strategie

Die Entwicklung einer umfassenden KI-Strategie ist eigentlich gar nicht gleich zu Beginn notwendig. Aber ein intensiver Diskurs mit den ökonomischen **Auswirkungen auf die zentralen Geschäftsfelder** muss erfolgen. Die Fragen lauten:

- Was wird KI in meinem Marktumfeld bewirken?
- Welche Produkte und Abläufe in unserer Organisation sind davon direkt oder indirekt betroffen?
- Welche Daten sind vorhanden (oder werden benötigt), um die relevanten Auswirkungen zu messen und steuern?

## 7.4.2   Handlungsfeld 2: Kosten

KI kostet Geld. Insbesondere im Mittelstand ist das problematisch. Und die Investitionen in Personal und Entwicklungsumgebungen werfen in den seltensten Fällen kurzfristige Erträge zur Gegenfinanzierung ab. Hier haben wir am Standort Deutschland in der Vergangenheit mit Defiziten zu kämpfen, die gerade aufgeholt werden: durch Förderprogramme, regionale Netzwerkinitiativen und Technologie-Hubs. Und durch die Erkenntnis, dass es viele Start-ups und etliche Standardprodukte gibt, die schnell und günstig Lösungen kreieren helfen.

### 7.4.3   Handlungsfeld 3: Mindset

Wer KI ausschließlich als technischen Motor für Automatisierung und Kostensenkung versteht wird scheitern. Entscheidend ist aus Sicht des Managements, den Wert der Daten zu verstehen und den richtigen Umgang mit ihnen zu fördern. Dieses Mindset ist entscheidend, weil datengetriebene Entscheidungen eben nur so gut sind wie die Datenkultur – nennen wir sie »Data Governance«. Sie ist das entscheidende Fundament des KI-Einsatzes.

### 7.4.4   Handlungsfeld 4: Personal

Für Konzerne ist es ein geringeres Problem, für den Mittelstand ein kritischer Erfolgsfaktor: Die Verfügbarkeit von Expertinnen und Experten. Der Kampf um Mitarbeitende mit Fähigkeiten in Datenanalyse und KI-Produkten ist längst entbrannt. Und es ist schwer für Unternehmen, die vermeintlich klein sind und wenig nachhaltig an ihrer KI-Strategie arbeiten, diese Expertinnen und Experten zu gewinnen.

Um diese Handlungsfeldern entschlossen anzugehen, ist es für die Unternehmensleitung entscheidend, die Mitarbeitenden abzuholen und mitzunehmen:

- Klären Sie Ihre Beschäftigten regelmäßig und im angemessenen Rahmen über die Funktionsweise von KI-Systemen auf.
- Sorgen Sie dafür, dass ein grundsätzliches Verständnis der Möglichkeiten und eine Vision der Zukunft vermittelt wird.
- Qualifizieren Sie Ihre Mitarbeitenden für die neuen Herausforderungen.
- Probieren (!) Sie neue Strukturen und Formen der Zusammenarbeit.
- Etablieren Sie eine neue Datenkultur: Machen sie den sorgfältigen und »sparsamen« Umgang mit Daten zur Chefsache.

Fazit: Vorbehalte und Erfahrungen der Beschäftigten kanalisieren und Mitbestimmung wagen

Wir werden in Kapitel 6 noch auf konkrete Instrumente und Handlungsempfehlungen eingehen. Wichtig ist uns an dieser Stelle: Alle müssen die Vorteile und die Zukunftsfähigkeit des Konzepts »datengetriebenes Unternehmen« adaptieren. Allen kann ein solches Konzept zugutekommen. Es versachlicht und vereinfacht Entscheidungen. Es ist transparent, unterstützt und wertschätzt die Mitarbeitenden.

## 7.5   KI in Betriebsorganisation und IT

Es ist entscheidend für den Erfolg, dass für einen regelmäßigen Austausch Räume zur Verfügung gestellt und Termine vereinbart werden. Für diese Aufgabe sehen wir die

Unternehmensführung in der Verantwortung. Und neben dem Management sitzt die IT. Denn die KI-Strategie Ihres Unternehmens lebt durch die Betriebsorganisation. Oder ist das Thema KI gar nicht so »IT« wie wir denken? Schauen wir auf die Bedeutung von KI für diesen Unternehmensbereich.

Es fällt uns gar nicht so leicht, relevante Anwendungsfälle und Empfehlungen aus Sicht der **IT-Operations** und der **Betriebsorganisation** zu diskutieren. Denn die erfolgreiche Einführung von KI ist nicht alleine Sache der IT-Abteilung oder der Betriebsorganisation. Im Gegenteil: Viele neue »low-code« Lösungen bieten den Fachabteilungen die Möglichkeit, KI-Anwendungen eigenständig zu pilotieren. Wir haben sogar die Erfahrung gemacht, dass KI-Projekte aus der Sicht der IT, häufig nicht erfolgreich skaliert werden, da die Akzeptanz im Fachbereich fehlt und der Transfer misslingt.

Insofern stellt die strategische Nutzung von KI im Unternehmenskontext die IT vor ungewohnte Herausforderungen und wichtige Fragestellungen:

- Wo setzt das Unternehmen auf standardisierte KI-Lösungen? Wo wird eigenes Know-how zum Einsatz? (Die Fragestellung von Make-or-Buy greifen wir in Kapitel 13.1.1 noch einmal auf.)
- Wie gewinne ich KI-Experten und schaffe die Rahmenbedingungen dafür, dass Sie auch bleiben?
- Wie können interdisziplinäre Teams aus IT und Fachabteilung zusammenarbeiten, um die Fortschritte der KI-Agenda dem operativen Betrieb zugutekommen zu lassen?

## 7.5.1 Anwendungsfälle im IT-Betrieb

Zunächst einmal: Wie alle in diesem Kapitel genannten Unternehmensbereiche profitiert natürlich auch die IT von den Effizienzgewinnen eines KI-Einsatzes. So haben wir alleine bei den klassischen IT-Betriebsprozessen eine ganze Reihe von Anwendungsfällen identifiziert, die Routineaufgaben im Helpdesk-Betrieb automatisieren helfen und Freiräume für wertschöpfende Kreativaufgaben schaffen.

**Chatbots und virtuelle Agenten:** Sie unterstützen Benutzer bei der Kategorisierung von auftretenden Störungen oder bieten für einfache Fehler eine »Erste Hilfe«.

**E-Mail-Routing auf Basis von Intent Recognition:** Auf Basis von trainierten Lernmengen (Basis: Machine Learning) werden Fehlermeldungen nach Skill und Priorität verteilt.

**KI-assistierter Servicedesk mit Knowledge Articles:** Anhand der erkannten Intents in Fehlermeldungen werden den Support-Agentinnen und -Agenten mögliche Lösungswege, Wissensartikel, Experten oder Antwortbausteine angezeigt.

Alle genannten Anwendungsfälle entlasten die Mitarbeitenden erheblich. Sie erhöhen die Zufriedenheit der internen Benutzern und Benutzerinnen und machen den IT-Betrieb zukunftsfähig. KI entfaltet aber auch im Monitoring von Betriebsanwendungen und Netzen (IT Security) ein enormes Potential.

### 7.5.2   Anwendungsfälle in der IT-Security

**Erkennung von Anomalien (Anomalie Detection):** Anomalien geben Hinweise auf Störungen und Fehler. Anomalie Detection ist sinnvoll hinsichtlich des Verhaltens der Benutzer (u.a. verhaltensbasierte Authentifizierung, Häufigkeit und Zeitpunkt von Systemanmeldungen), bei der die Leistungs- und Verfügbarkeitsüberwachung von Anwendungen oder zur Analyse von Korrelationen, die in der Vergangenheit zu Ausfällen geführt haben. Die Erkennung von Anomalien steht auch in einem engen Zusammenhang mit den beiden nächsten Anwendungsfällen, der Predictive Maintenance und der Intrusion Detection.

**Predictive Maintenance:** Durch das Monitoring der relevanten Parameter können mit KI diese Korrelationen für die vorausschauende Wartung und mögliche frühzeitige Eingriffe verwendet werden.

**Intrusion Detection:** Mit Machine Learning (ML) werden auch beim Monitoring potenzieller Angriffe auf die Infrastruktur auffällige Aktivitäten und externe Zugriffe überwacht, um unbefugtes Verhalten von externen wie internen Nutzern rechtzeitig zu erkennen.

Mit KI bieten sich also neue, verbesserte Instrumente im Kampf gegen Systemausfälle und kritische externe Einflüsse an. Gleichzeitig sorgt das »lernende Monitoring« für höhere Verfügbarkeit und Sicherheit. Dies gilt insbesondere für den Umgang mit Daten innerhalb des Unternehmens.

Daher sehen wir für die Unternehmens-IT einen dritten relevanten KI-Sektor:

### 7.5.3   Anwendungsfälle in der Information Governance

Die Richtlinienkompetenz und Verantwortlichkeit für den Umgang mit Daten im Unternehmen hat sich in den vergangenen Jahren gewandelt. Sie liegt nicht mehr alleine im Bereich IT oder in der Geschäftsleitung. Viele Unternehmen folgen heute dem »Erzeugerprinzip« und erweitern die Data Governance auf jene Unternehmensbereiche, in denen die Erfassung, Verarbeitung, Speicherung und Verwaltung von Daten erfolgt.

Die Sicherheit und Verfügbarkeit des »Datengolds« und des Wissens ist in Zeiten der Digitalisierung für Unternehmen immer kritischer geworden.

**Wissensmanagement:** Seit jeher ist es das »organisatorische Gedächtnis« des gesamten Unternehmens: die Verfügbarkeit von im Kontext relevanten Informationen durch den richtigen Mitarbeitenden zum richtigen Zeitpunkt. Mit KI bieten sich für die Betriebsorganisation erhebliche Optimierungspotenziale. Nicht nur, dass die Qualität der Suchergebnisse mit KI signifikant und stetig verbessert wird: Darüber hinaus bieten Assistenzsysteme an den Arbeitsplätzen künftig »proaktiv« Hinweise zu im Kontext relevanten Informationen an. Mitarbeitende erhalten automatisch sinnvolle Hinweise und Arbeitshilfen, ohne dafür recherchieren oder suchen zu müssen.

**Zusammenführen von Datenquellen:** Isolierte Anwendungen und Datenhaltung in unterschiedlichen Unternehmensbereichen hat zu einer schieren Flut von Daten geführt. Die sinnvolle Integration dieser Daten und Datenquellen ist angesichts dieser Flut zu einer großen Herausforderung geworden. Konkret: Wie passen die Datenquellen zusammen? Welche sinnvollen Verknüpfungen von diesen Daten führen zu zuverlässigen (und operativ wertvollen) Informationen? Mittlerweile gibt es Toolsets, die dabei helfen Zusammenhänge herzustellen.

### 7.5.4   Unsere Empfehlungen

Wir sehen primäre KI-Anwendungsfälle für die Betriebsorganisation und IT in folgenden **3 Sektoren:**
*   Sicherheit von Betrieb und Daten (IT-Systembetrieb und IT-Security)
*   Orchestrierung vorhandener und künftiger Datenquellen (Data Governance)
*   Strategische Arbeitsplatzentwicklung (Future Workplace)

Der Aufbau und die strategische Weiterentwicklung der IT-Sicherheit gehört aus Sicht der Unternehmens-IT sicher zu den größten Herausforderungen. Die gute Nachricht dabei ist: Moderne Big-Data- und KI-Lösungen sind hier bereits gut ausgestattet (mit sogenannten Security Frameworks).

Für jedes Unternehmen ist die Daten- und IT-Betriebssicherheit von hoher Bedeutung. Wenn aber die Verfügbarkeit zu den höchsten Unternehmensprioritäten gehört (z. B. weil Sie einen Datendienst anbieten oder Ihre zentrale Wertschöpfung davon abhängt), muss internes Know-how aufgebaut werden. Die Gefahr besteht, dass Ihr Betrieb eines Tages durch eine externe KI angegriffen wird. Es ist wichtig, darauf vorbereitet zu sein.

Data Science, KI und Intelligente Automatisierung durchdringen zahlreiche Aspekte des Unternehmens. Daher muss die Data Governance – also das Datenverwaltungskonzept Ihrer Organisation) zunehmend die verfügbaren internen und externen Datenquellen (Daten-Pipelines) sowie die Nutzung von Algorithmen und deren Ergebnisse umfassen.

Bedenken Sie als Entscheiderin oder Entscheider in einer IT-Organisation: Bevor Sie Ihre Strategien für den sicheren und zukunftsfähigen Betrieb operationalisieren, müssen Sie die Grundlagen beherrschen. Die Fähigkeit zur Erfassung von Ereignissen und Datenpunkten ist die Basis dafür, wichtige operative Kernbereiche innerhalb der Organisation in Echtzeit zu monitoren und datengetriebene Entscheidungen überhaupt erst zu ermöglichen.

Ebenso wichtig ist die Rolle von KI in der Betriebsüberwachung. Eine ausfallsichere Infrastruktur sollte kritische Betriebszustände anhand der vorhandenen Daten vorhersagen können (auch hier kommt zunehmend Predictive Maintenance zum Einsatz). Zudem sollte KI in der Betriebsüberwachung weitestgehend autonom dafür sorgen, dass kritische Komponenten im Fall der Fälle vom Netz genommen werden.

Last but not least: als Führungskraft sollten Sie dafür sorgen, dass Ihre Mitarbeitenden auf die Notwendigkeiten der Data Governance und die Chancen des Einsatzes von KI vorbereitet sind. Dazu können in Onlinekursen und auf Weiterbildungsportalen Grundkenntnisse vermittelt werden. Sie brauchen ebenso geschultes Personal, um die Anwender:innen im Unternehmen mit Ihren Vorhaben zu erreichen.

Mit Ihrer KI-Strategie müssen Sie die **Erfassung und Verwertung aller relevanten Datenpunkte und Wissensartikel** verfolgen. Und wie diese Daten optimal an den Arbeitsgeräten Ihrer Anwender:innen genutzt werden, um diese optimal und immer passend zum jeweiligen Kontext mit Informationen und Vorschlägen zu assistieren. So ermöglichen Sie **datengetriebene Entscheidungen**. Diese Entscheidungen zu ermöglichen gehört auch in den nun folgenden Unternehmensbereichen zu den wichtigsten Vorteilen der Wertschöpfung durch KI.

## 7.6   KI in Marketing und Vertrieb

Schon 2019 hat McKinsey 400 KI-Anwendungsfelder in Unternehmen ermittelt[10]. Die Mehrheit der Cases waren im Bereich Marketing und Vertrieb verortet. Das deckt sich mit unserer Einschätzung, dass Unternehmen im (Online-)Marketing und im Produktmanagement enorm von den Chancen eines KI-Einsatzes profitieren können.

---

10   Vgl. Chui, Michael/Nicolaus Henke/Mehdi Miremadi: Most of AI's business uses will be in two areas, in: McKinsey & Company, 07.03.2019, https://www.mckinsey.com/business-functions/quantumblack/our-insights/most-of-ais-business-uses-will-be-in-two-areas (abgerufen am 29.05.2022).

Und es gibt eine einfache Erklärung dafür:

- Unternehmen können spezifische **Kundenmerkmale** und historische Daten zu Kauferfahrungen nach möglichen Korrelationen untersuchen.
- Unternehmen können die Häufigkeit und Art der **Produktnutzung** analysieren, um auf diese Weise das Produkt (oder den genutzten Service) stetig zu optimieren und die Erfahrung des Nutzers (auch: UX oder User Experience) zu verbessern.
- Und mehr noch: Sie können daraus theoretisch für jeden potenziellen Kunden ein sehr personalisiertes Angebot ableiten.

**KI kann Kundendaten und Nutzererfahrungen analysieren und individuell für jeden Kunden ein personalisiertes Angebot generieren.**

Die Bedeutung von KI für die Kundenanalysen (Customer Analytics) ist ein sehr wichtiges Thema, das wir in den Kapiteln 9.3.1 und 9.4.4 vertiefen werden – hinsichtlich personalisierter Produkte und Konditionen.

Zu den Standardaufgaben von Produktentwicklung und Marketing gehört es, die potenziellen Kundengruppen zu segmentieren, die Kundenbedürfnisse dieser Segmente zu verstehen, sie nach den wahrscheinlichsten Korrelationen mit möglichen Services und Produkten zu untersuchen und durch passende Maßnahmen die Kaufwahrscheinlichkeit zu verbessern. Diese Standardaufgaben kann KI entscheidend unterstützen.

## 7.6.1   Anwendungsfälle in der Kundenanalyse

KI in kann auch in jeder Phase der Kundenreise (Customer Journey) eingesetzt werden. Und KI macht hier einen mehr oder wenigen großen Unterschied zu traditionellen Handlungsweisen von »vor der Digitalisierung« aus. Denn in jeder Phase der Digitalen Kundenreise – von der Recherche bis zu möglichen Weiterempfehlungen, hilft KI bei der Optimierung.

Die exemplarischen Anwendungsfälle haben wir in folgender (für Marketingprofis weithin bekannten) Übersicht der 5 Stufen einer Customer Journey aufgeführt:

- **Stufe 1: Awareness:** Dem Kontakt wird bewusst, dass er einen »Bedarf« hat.
- **Stufe 2: Consideration:** Der Kontakt definiert Problem und Lösungsoptionen.
- **Stufe 3: Purchase:** Der Kontakt entscheidet sich und tätigt den Kauf.
- **Stufe 4: Retention:** Der Käufer wird durch positive Berichterstattung bestärkt.
- **Stufe 5: Advocacy:** Der Käufer wird zum »Advokaten« des gekauften Produkts.

| KI-Anwendungsfälle entlang der Customer Journey | |
|---|---|
| **Stufe 1: Awareness** | • Analytics: Schaltung Zielgruppen-spezifischer und personalisierter Ads (u. a. anhand von Geolokation)<br>• Recommendation Engines: Durch die Analyse der Warenkörbe spezifischer Zielgruppen ergeben sich Korrelationen zu Produkten, die besonderen Anklang finden |
| **Stufe 2: Consideration** | • Real-time Besucher Scoring (u. a. Verhalten auf der Website)<br>• Einblendungen oder proaktive Chat Angebote als Motivation zum Kauf<br>• Dynamische Preise (Dynamic Pricing) abhängig von Besuchs- und Wettbewerbsdaten |
| **Stufe 3: Purchase** | • Analyse von Kaufabbrüchen<br>• Einblendung relevanter Kunden-Testimonials im Online-Kaufprozess |
| **Stufe 4: Retention** | • Steuerung von personalisierten Maßnahmen der Kündigerprävention<br>• After-Sales Maßnahmen<br>• Geeignete Up- und Cross-Selling Ansätze |
| **Stufe 5: Advocacy** | • Social Media Monitoring, um mögliche Produkt-Advokaten und -Influencer zu ermitteln |

Tab. 5: Potenzielle KI-Anwendungsfälle entlang der Customer Journey

Fast alle KI-Anwendungsfälle im Marketing basieren auf Datenanalysen, die den Erfolg von Maßnahmen im Marketing nachweisbar erhöhen. So schätzen Analysten, dass 35 Prozent der Produktverkäufe bei Amazon durch individuelle Empfehlungen (Recommendations) generiert werden. Netflix schätzt, dass 80 Prozent der gestreamten Inhalte aufgrund passender Empfehlungen konsumiert werden. Es geht also darum, aus den erfassten Daten permanent zu lernen, wie man in welchem Moment mit welchen Kunden kommuniziert, ohne dass ein manuelles Eingreifen durch Kampagnen- oder Sales-Experten erforderlich ist.

**KI übernimmt die taktischen Aufgaben.**
**Empathie und Fingerspitzengefühl kommt von den Mitarbeitenden.**

## 7.6.2   Nutzen des KI-Einsatzes im Marketing

Mit KI gelingt es also im Marketing
• ein immer besseres Verständnis der Zielgruppen zu entwickeln,
• ein immer besseres Timing für die passenden Kampagnen und Kanäle zu erreichen,
• dadurch günstigere Conversions zu erzielen und
• manuelle Eingriffe in die operativen Kampagnen minimieren.

Die Vorteile »datengetriebener Entscheidungen« kann auch der Vertrieb für sich nutzen. Anhand der im Prozess der Marketing-Automation im jeweiligen CRM zur Verfügung gestellten Informationen können die Mitarbeitenden sich im richtigen Moment mit dem passenden Angebot bei jenen Leads melden, die nach »Datenlage« am wahrscheinlichsten kaufen wollen.

Das Prinzip ist nicht neu: Marketing Automation Tools werten z. B. die Besuche registrierter Leads auf den Websites Ihres Unternehmens aus. Neben den besuchten Inhalten und der Frequenz können gesendete E-Mails, aktuelle Nachrichten oder Daten aus Produktzyklen herangezogen werden, um potenzielle Leads zu priorisieren. Wir sind davon überzeugt: Diese Möglichkeit wird in den kommenden Jahren besonders den B2B-Vertrieb entscheidend modernisieren und effizienter machen.

### 7.6.3   Nutzen des KI-Einsatzes im Vertrieb

Aus Sicht des Vertriebs gibt es weitere potenzielle KI-Anwendungsfälle. Sie sind aus unserer Sicht allerdings weniger datengetrieben, sondern prozessgetrieben. Maschinen werden die Mitarbeitenden im Vertrieb bei Routinevorgängen unterstützen, um mehr verfügbare Zeit (und Muße, wenn Sie so wollen) für den Austausch mit potenziellen Interessenten zu haben: KI-Tools können gute Verkaufsgespräche transkribieren und für Trainings- und Dokumentationszwecke nutzen, automatische Terminvereinbarungen aus den analysierten E-Mail-Dialogen vorschlagen und ausführen oder Sales Profis an passende Wiedervorlagen und Altkontakte erinnern.

Mit KI gelingt es dem Vertrieb
*   potenzielle Verkaufschancen besser zu erkennen,
*   Leads und Prospects nach Kaufwahrscheinlichkeit und Werthaltigkeit zu priorisieren,
*   Routine-Tätigkeiten (Termine, Wiedervorlagen, Nachrichten, Kontakt-Historien) zu automatisieren
*   und sich auf die besten Geschäftspotenziale zu fokussieren.

### 7.6.4   Unsere Empfehlungen

Wie in allen Anwendungsfeldern in Unternehmen gilt natürlich auch für Marketing und Vertrieb: **Es ist besser, einen Plan zu haben.**

**Strategische Roadmap entwickeln**
Entwickeln Sie eine »strategische Roadmap«, in der Sie klare (qualitative und quantitative) Ziele des KI-Einsatzes definieren und Maßnahmen priorisieren.

Vielleicht macht es für Ihren Bereich zunächst Sinn, Kundenreisen (Customer Journeys) zu definieren und relevante Messpunkte (KPI) zu identifizieren.

Oder Sie konzentrieren sich auf ein Konzept zur Segmentierung Ihrer Kunden, um im Zuge der Kundenanalysen (Customer Analytics) AI für die Generierung Ihrer ähnlichen Zielgruppen (im Facebook-Jargon: »Lookalike-Audience«) zu verwenden.

Wir müssen aber auch ehrlich sein: Gerade in Marketing und Vertrieb ist die Definition und Umsetzung einer KI-Strategie enorm herausfordernd. Dies liegt in erster Linie an den verwendeten Kernsystemen und der vorhandenen Lösungsinfrastruktur, aber auch an der häufig fehlenden Resilienz der Mitarbeitenden, wenn es um drohende Veränderungen ihrer gewohnten Handlungsweisen geht.

Verstehen Sie uns nicht falsch: diese Einschätzung wollen wir ausdrücklich nicht auf potenzielle Besonderheiten der Spezies Marketer und Vertriebler zurückführen. Aber die Einführung bzw. Anpassung von CRM- und Marketing-Automation-Lösungen sind in der Praxis mit höheren Zwängen und Abhängigkeiten verbunden, als eine Reisekosten- oder Rechnungserfassung in der Buchhaltung.

Der Weg in eine künftige Lösungsinfrastruktur ist von zahlreichen Zwischenschritten und Abhängigkeiten gepflastert. Es gilt, mit Daten »sparsam« und immer im Rahmen der gesetzlichen Möglichkeiten umzugehen. Und viele Marketer und Salesexperten arbeiten bislang erfolgreich mit Ihrem »Bauchgefühl«. Es braucht für die Vermittlung mancher neuer Perspektive vielleicht mehr Zeit und Geduld, als zuvor gedacht.

Anwendungsfälle Auch wenn es in Marketing und Vertrieb je nach Branche und Unternehmensgröße sehr individuell zu bewerten gilt: Wir sehen primäre KI-Einsatzfälle in folgenden **2 Sektoren:**

- Produktmanagement (Data Product Management)
  Für das Produktmanagement ist entscheidend, dass Sie herausfinden, anhand welcher Parameter der Produktnutzung wichtige Erkenntnisse für die Entwicklung des Nachfolgeprodukts generiert werden können.
- Kundendatenanalysen (Customer Data Management)
  Wir raten dazu, Mitarbeitende aus dem Umfeld von »Data Science« für Ihr Team zu rekrutieren und sie in die Strategieentwicklung in Marketing, Vertrieb und Produktmanagement einzubeziehen. Es ist nämlich entscheidend für Ihr Unternehmen herauszufinden, anhand welcher vorhandener (und künftiger) Parameter und Datenzusammenhänge sich die Werthaltigkeit von potenziellen Kaufinteressenten messen lassen kann.

Stellen Sie zu Beginn Ihres KI-Programms sicher, dass Ihr Konzept »kontrolliert« mit verfügbaren (oder augenscheinlich notwendigen) Daten umgeht. In vielen Fällen werden Unmengen von Daten erfasst und gespeichert, die bei späterer Betrachtung keinerlei Einfluss auf die wesentlichen datengetriebenen Entscheidungen haben. Konkret: Häufig stellt sich heraus, dass von den 30 Datenpunkten, die man in einem Modell untersucht, letztlich lediglich 7 notwendig waren, um die gewünschten Erkenntnisse zu gewinnen.

Ein Problem ist zudem wie so oft, dass Sie erst hinterher wissen, welche Einflüsse für Ihre Modelle entscheidend waren. Und Sie werden sich in den seltensten Fällen frei wünschen können, welche Daten Sie gerne haben möchten. Sie werden jene Datenquellen nutzen müssen, die vorhanden sind. Sie haben also kaum Kontrolle darüber, wenn in ihrer Organisation »unnötige« (oder: weniger werthaltige) Daten erhoben werden.

Schon zu Beginn sollten Sie daher dem Prinzip folgen: offen sein für das Mögliche, Fokus auf das Wesentliche. Stellen Sie dabei sicher, dass Datenschutzstandards festgelegt sind und bei Bedarf in der jeweiligen Anwendung berücksichtigt werden, um der Compliance zu folgen und das Vertrauen der Kunden und Kundinnen und Mitarbeitenden zu wahren.

Mit einem gründlichen Plan zu Beginn und einer möglichst flexiblen (aber immer zielgerichteten) Strategie werden Sie kostspielige Herausforderungen minimieren und sukzessive einen hohen Nutzen aus ihren KI-Investitionen ziehen.

## 7.7   KI in Customer Service und Backoffice

Kundenservice, Contact Center, Backoffice sind von jeher Unternehmensbereiche, in denen aus der Kommunikation mit Kunden und Interessenten wichtige Daten, Prozesse und Erkenntnisse für das Unternehmen gewonnen werden. Beschwerden, Produkt- und Lieferinformationen, Bestellungen und Anträge: sie werden per E-Mail, Telefon, Webformular oder Beleg in Service und Backoffice eingereicht.

KI kann diesen Prozess der Transformation von Inhalten der Kommunikation mit Interessenten und Kunden in verwertbare Datensätze und Geschäftsprozesse unterstützen und verbessern.

Schon immer waren Kundenservice und Backoffice für ihr »exotisches Dasein« innerhalb der Organisation bekannt. Während Produktion, Vertrieb und Verwaltung im Wesentlichen auf ähnlichen Systemen arbeiten und direkt durch Prozesse verbunden sind, besteht in diesen beiden Bereichen das Unternehmen in direktem Kontakt mit den Kunden. Und diese werden oft in Unternehmen als störend wahrgenommen: Der Kunde, der mit seinen Anfragen und Reklamationen die betriebsinternen Abläufe stört.

Also klafft an der **Kundenschnittstelle** eine Lücke zwischen der Kommunikation des Kunden – den geäußerten Bedürfnissen und Absichten – und den Absichten und Prozessen im Unternehmen.

Von einem einfachen Standpunkt aus betrachtet machen Mitarbeitern und Mitarbeiterinnen im Service seit Jahrzehnten nur das eine: Sie übersetzen den Kommunikationsinhalt aus den Kundengesprächen in ein für die Organisation nutzbares Format. So wird aus einer Beschwerde eine Kompensation, aus einem Antrag ein Geschäftsabschluss und aus einer Adressänderung ein verarbeitbarer Datensatz.

Dieses Prinzip stellen wir in der folgenden Grafik vereinfacht dar.

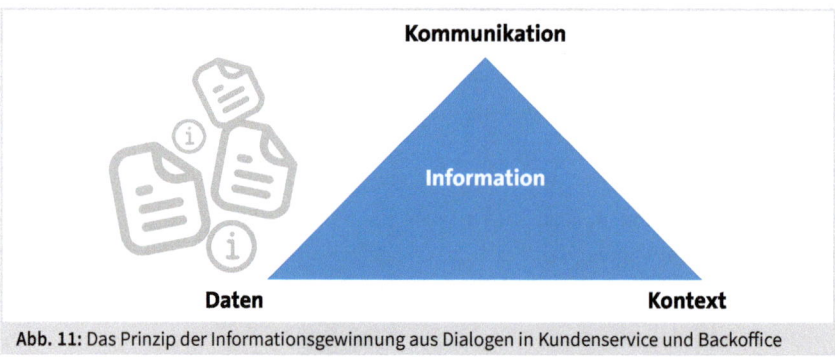

**Abb. 11:** Das Prinzip der Informationsgewinnung aus Dialogen in Kundenservice und Backoffice

Der Wertbeitrag der Mitarbeitenden im Dialog mit Interessenten und Kunden besteht also aus
- dem Erkennen von Absichten (Intent Recognition),
- dem Erfassen der damit einhergehenden Fach- und Kundendaten (Data Extraction) und
- der kognitiven Bewertung des Zusammenhangs.

**Beispiel aus der Vorgangserfassung einer Versicherung**
Den Kundenservice einer Bank oder Versicherung erreicht eine Kunden-E-Mail mit einer Umzugsmeldung. Über die Kunden- oder Kontonummer erfolgt die Identifikation und die neuen Adressdaten werden in der Kundenanwendung manuell erfasst. Die Mitarbeitenden bestätigen die Änderung. Aus dem Kontext heraus wird ein Umzugsservice bzw. eine Anpassung der Hausratversicherung angeboten. Abschließend wird der Geschäftsvorfall (zum Beispiel) im CRM dokumentiert.

Dieser exemplarische Vorgang wird in der folgenden Abbildung schematisch dargestellt.

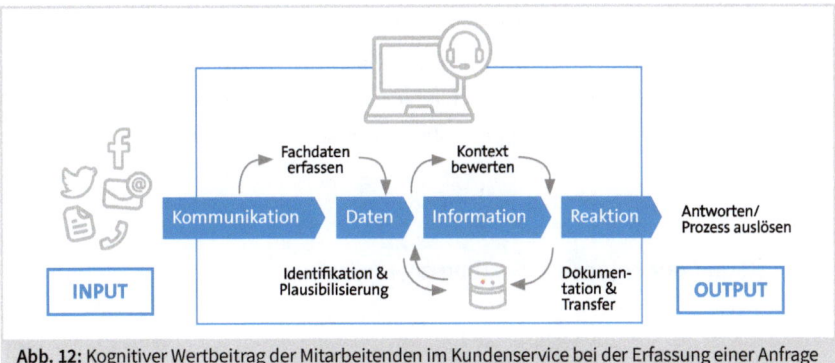

**Abb. 12:** Kognitiver Wertbeitrag der Mitarbeitenden im Kundenservice bei der Erfassung einer Anfrage

**Beispiel aus dem Kundenservice einer Fluggesellschaft**

Mit einem weiteren – diesmal etwas komplexeren – Beispiel aus dem Kundenservice einer Fluggesellschaft wollen wir den kognitiven Wertbeitrag, den Mitarbeitende im Kundenservice leisten, noch einmal vertiefen.

Das Ziel: anhand dieses Beispiels möchten wir deutlich machen, wie sehr KI-Lösungen diesen kognitiven Beitrag bereits heute übernehmen können.

Nehmen wir also an, den Kundenservice erreicht die Anfrage zu einer Flugpreiserstattung wegen Verspätung. Dann sehen die 3 Stufen des Wertbeitrags im Kundenservice in etwa so aus:

- **Stufe 1: Fachdaten erfassen**
  Mitarbeitende in Kundenservice und Backoffice prüfen eingehende Serviceanfragen auf Vollständigkeit und transferieren den Inhalt in einen für das Unternehmen verwertbaren Datensatz um. Aus einer eingehenden E-Mail zu einer Flugverspätung erfassen Mitarbeitende die relevanten Vorgangsdaten manuell in einer Erstattungsmaske: Passagierdaten, Ticketnummer, Flugnummer. Denn: Nur bei einer vollständigen Datenerfassung kann ein Erstattungsprozess gestartet werden.

- **Stufe 2: Kontext bewerten**
  Mitarbeitende identifizieren anhand der Vorgangsdaten den Status in den Vorgangssystemen (CRM, ERP o. ä.) und bewerten die Details zur Kundenanfrage. Um beim genannten Beispiel zu bleiben: der Status des Fluges wird recherchiert und die Berechtigung für eine Erstattung geprüft. Dazu sind in der Regel auch Recherchen in Wissensmanagement (Erstattungsregelungen) und Buchungssystem (Ticketpreis) auszuführen.

- **Stufe 3: Prozess auslösen**
  Mitarbeitende entscheiden sich im Rahmen der Vorgaben für die Auslösung eines Workflows – entweder per Weiterleitung an ein weiteres Team oder durch die

Übertragung des erfassten Servicefalls. Für unser Beispiel bedeutet das: die Erstattung wird akzeptiert, abgelehnt oder – was die schlimmste Option ist – der anfragende Kunde wird um die Nachlieferung fehlender Angaben oder Belege gebeten. Die Antwort wird ausgelöst und der Sachverhalt in der Vorgangshistorie dokumentiert.

### 7.7.1  KI und der kognitive Wertbeitrag im Kundenservice

Anhand dieser beiden zuvor dargestellten Beispiele möchten wir aufzeigen, wie tiefgreifend der Einfluss von KI auf den Digitalen Kundenservice bereits ist und weiter werden wird. Im hier gezeigten Beispiel können sämtliche Arbeitsschritte durch »Intelligent Automation« verarbeitet werden.

Unter **Intelligent Automation** (auch: IPA – Intelligent Process Automation oder Hyperautomation) verstehen wir die in den obigen Beispielen zum Einsatz kommende Kombination von
- KI (für die inhaltliche Erschließung, Datenextraktion und Beantwortung),
- RPA (für die Übertragung der Daten in Drittsysteme) und
- BPM (für das Auslösen oder »Triggern« von Folgeprozessen).

**Der Prozess läuft mit KI folgendermaßen ab**
1. Die KI versteht das Serviceanliegen (Intent Recognition).
2. Die KI kann die zur Abwicklung benötigen Fachdaten erkennen (Data Extraction).
3. Die KI kann mit den Daten automatisch einen definierten Workflow auslösen (Cognitive Processing).
4. Die KI kann Angaben oder Ansprüche mit Daten aus Drittsystemen validieren und entscheiden (Data Validation).
5. Die KI kann eine personalisierte Antwort an die anfragende Person senden.

Von diesen Fähigkeiten der KI, Kommunikationsinhalte zu erfassen und diesen kognitiven Transfer zu unterstützen werden insbesondere Contact Center und Backoffice-Teams deutlich profitieren. Denn KI ist in der Lage, ein menschenähnliches Verständnis von Kommunikationsinhalten zu entwickeln. Auf diese Weise greifen Maschinen in so ziemlich jede Disziplin des Kundenservice ein und verändern sie: von der Analyse und Automatisierung von E-Mails, über die Analyse von Vorgangsinhalten bis hin zu kontextsensitiven Self Services. KI assistiert Kunden, Mitarbeitern und Prozessen und kann auf allen Seiten für verbindliche Erkenntnis sorgen.

Wir sind davon überzeugt: Diese **Automatisierung des Kundenservice** läutet eine neue Ära der Digitalen Kundenbeziehungen ein. Wir nennen sie **Conversational Business**. Sie kann genau passend zum jeweiligen Kontext eines Servicedialogs anhand von trainierten Beispielen Text und Sprache verstehen und verbundene Prozesse zur Ausführung bringen.

Hinter diesem Konzept steht die Vision, dass Maschinen unsere Absichten und Wünsche antizipieren können und sofort daraus im Kontext passende Assistenz anbieten: in E-Mails, am Telefon, in Chats, also überall dort, wo wir diese Absichten mündlich oder schriftlich äußern.

Es ist dabei wichtig, zu verstehen, dass das Potential zur Automatisierung abhängig ist von der Wissensdomäne und dem gewählten technischen Ansatz. Das werden wir an der folgenden Grafik verdeutlichen.

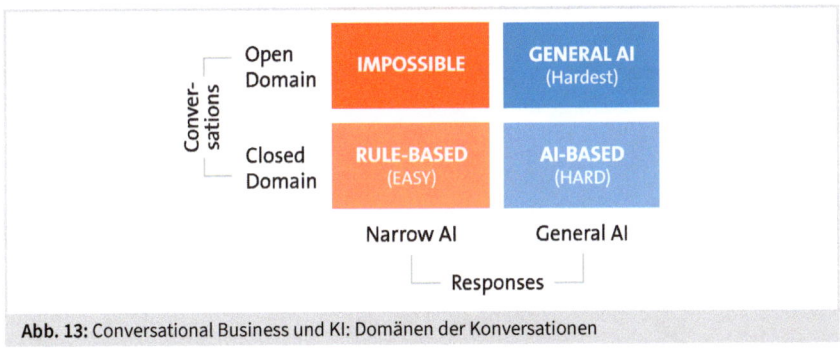

**Abb. 13:** Conversational Business und KI: Domänen der Konversationen

Oft reichen schon reguläre Ausdrücke (rule-based system) und einfache Textmuster, um die Absicht hinter einer Serviceanfrage zu antizipieren. Nämlich dann, wenn die Anfrage in einer »geschlossenen Domäne« erfolgt – also: einem abgegrenzten Wissensgebiet.

Ein Beispiel: Wenn Kundinnen und Kunden auf einem Versicherungsportal mithilfe eines Chatbots den Tarif einer Hausratversicherung berechnen möchten, dann kann die Äußerung »Die Wohnung hat 94 Quadratmeter« auch im Kontext verstanden und verwertet werden: mit der Größe wird die Prämienhöhe ermittelt. Hier beziehen wir uns auf den Kasten in hellrot.

Anders in einer »offenen Domäne«: Im Gespräch mit einem maschinellen Sprachassistenten könnte hinter der Spracheingabe »Die Wohnung hat 94 Quadratmeter« eine ganz andere Absicht stecken. Vielleicht soll eine Wohnung vermietet oder verkauft werden? Oder es wird neues Parkett in dieser Menge benötigt? In einer offenen Wissensdomäne sind also die heutigen Ansätze der Inhaltserkennung (Intent Recognition) chancenlos. Selbst einfache Erkennungsmuster wie sie mit ML oder NLU antrainiert werden, greifen nicht. Denn der **Kontext der Anfrage** ist unklar. Dieser Fall ist in der Abbildung mit dem dunkelroten Kasten dargestellt. Im Allgemeinen werden diese KI-Ansätze als »Artificial Narrow Intelligence« (ANI) bezeichnet.

KI-Systeme aus der **Artificial General Intelligence** (AGI) – hier in blau dargestellt – sind allerdings in der Lage, auch mit Fragen einer »offenen Domäne« umzugehen und sie im Kontext zu beantworten ebenso wie ein menschlicher Experte. AGI ist eine Maschine mit allgemeiner Intelligenz, ähnlich wie ein Mensch, die jedes Problem lösen kann. AGI ist also die KI, die wir in Filmen wie 2001: A Space Odyssey als HAL kennenlernen. Zukunftsmusik.

Wir halten fest: Der Kontext, in dem eine Frage geäußert wird, ist entscheidend für die korrekte Beantwortung. Viele Serviceverantwortliche überschätzen die Leistungsfähigkeit von Chatbots. Beachten Sie: Nur in schmalen Wissensdomänen kann KI Kundenfragen autonom beantworten. Je breiter das mögliche Wissensfeld ist, umso komplexer (bzw. häufig auch unmöglich) ist das Training einer KI-Lösung, sodass sie die in der Lage ist autonom zu antworten.

### 7.7.2 Menschen und der emotionale Wertbeitrags im Kundenservice

Aber kommen wir zurück zum **Wertbeitrag** im Kundenservice bei der Erfassung und Abwicklung einer Serviceanfrage. KI kann den kognitiven Beitrag weitestgehend für die Menschen erbringen. Anders sieht es beim **emotionalen Wertbeitrag** aus, den Mitarbeitende im Kundenkontakt erbringen.

Die disruptive Wirkung von KI für die Intelligente Automatisierung von Routineabläufen in Contact Centern ist groß. Klassische Medienbrüche wie das Lesen, Erfassen und Antworten der Inhalte werden im Service durch KI überbrückt. Aber werden die Mitarbeitenden im Kundenservice durch KI ersetzt? Kaum. Denn im gleichen Maße wie der Kostendruck im Service wächst und die verfügbaren Fachkräfte fehlen, steigt die Bedeutung der **emotionalen Komponente des Kundenservice**.

Getrieben durch die gestiegenen Erwartungen der Verbraucher:innen und den Wunsch nach »Sofortness« (der Begriff wurde von Autor Peter Glaser im Zusammenhang mit »digitaler Ungeduld«) im Digitalen Kundenservice, ist der menschliche Anteil an den Kundenbeziehungen wichtiger geworden.

Künstliche Intelligenz ist – zumindest was den derzeitigen Stand der technischen Entwicklungen betrifft – weder einfühlsam noch empathisch. Und auch die nächste Generation der KI wird uns Menschen auf dem Gebiet dieses emotionalen Wertbeitrags keine Konkurrenz sein.

### 7.7.3   Unsere Empfehlungen

Wir glauben, dass KI unsere traditionellen Vorstellungen von Kundenservice in eine weitgehend automatisierte, vielleicht auch autonome digitale Ebene verschieben wird. Denn der kognitive Beitrag, den Mitarbeitende heute im Dialog mit Kundinnen und Kunden erbringen, kann in großem Umfang durch KI ersetzt werden.

So wie die smarten Sprachassistenten Alexa, Cortana, Google Assistant und Siri ständig besser werden, die Hemmungen bei der Nutzung von Assistenzdiensten und Self Services weiter sinken und Sprachverarbeitungsmodelle wie GPT-3 (vgl. Kapitel 14.8.6) größer und präziser werden, nehmen zunehmend Maschinen Aufgaben im Kundenservice wahr. Und wir glauben, dass dies schnell fortschreiten wird.

Das ist der Grund, warum wir dringend empfehlen, sich mit den Chancen und Risiken des Conversational Business auseinanderzusetzen.

Wir sehen daher primäre KI-Anwendungsfälle für den Customer-Service in folgenden 3 Sektoren:

- **Sektor 1: Die inhaltliche Erschließung textbasierter Servicevorgänge (Intent Recognition)**
  Bis zu 38 Prozent ihrer PC-Arbeitszeit – so schätzt die Delphi Group – verbringen Wissensarbeitende in Service und Verwaltung mit der Suche nach Daten oder der Recherche von relevanten Vorgangsinformationen.[11] Diese Schätzung ist zwar umstritten, aber selbst, wenn nur die Hälfte der angegebenen Arbeitszeit für diese Tätigkeiten aufgewendet werden würde, könnte KI sehr zum Vorteil eingesetzt werden.
  Denn KI kann die Inhalte von Konversationen antizipieren und relevante Vorgangsdaten ermitteln. Im Kontext dieser inhaltlichen Erschließung können den Mitarbeitenden relevante Hinweise und Daten auf den Bildschirmen angezeigt werden – ohne dass sie manuell danach suchen oder recherchieren müssten.
- **Sektor 2: Aufbau kontextbasierter Assistenz für Mitarbeitende (Contextual Knowledge Services)**
  KI kann diese kontextbasierte Assistenz leisten: Lösungen wie ThinkOwl[12] analysieren die Inhalte eingehender Mitteilungen im Kundenservice und routen sie im optimalen Moment und angereichert mit Kontextinformationen an passende Experten.

---

11   Kianto, Aino & Shujahat, Muhammad & Rahim, Saddam & Nawaz, Faisal & Ali, Murad. (2018). The impact of knowledge management on knowledge worker productivity. Baltic Journal of Management. 14. 10.1108/BJM-12-2017-0404.

12   https://www.thinkowl.de/

KI kann ebenso Stimmungen in Telefonaten erkennen und ähnliche Servicethemen in E-Mails interpretieren. Als Führungskraft im Kundenservice können Sie so die Servicequalität messen, Hinweise zu Verbesserungen finden und umgehend reagieren.

- **Sektor 3: Qualitätsmanagement und Themenauswertungen**
  Lösen Sie sich von traditionellen Systemkomponenten und Abläufen. In den vergangenen 10 Jahren hat sich eine ganze Menge verändert – in erster Linie Ihre Kundinnen und Kunden. Sie erwarten nichts weniger, als dass es schnell geht und dass man sie überall erkennt und die Umstände ihrer Kontaktaufnahme antizipiert.
  KI-Lösungen, die eingehende E-Mails optimal an passende Mitarbeitende verteilt, gehören heute zum Standard. Vermeiden Sie Medienbrüche, bei denen Ihre Mitarbeitenden die Anwendungen wechseln und manuell in Drittsystemen suchen müssen. Der Schlüssel zur Vermeidung dieser Ineffizienzen ist KI.

## 7.8  KI in Finance und Controlling

Wie wir in Kapitel 7.2 beim Blick auf die KI-Nutzung in den Unternehmensbereichen sehen konnten: In der Buchhaltung (44 Prozent) und im Controlling (18 Prozent) gibt es offensichtlich viele Anwendungsfelder, in denen KI bereits heute zum Einsatz kommt. Und die Gründe hierfür liegen nahe.

### 7.8.1  Potenzielle Anwendungsfälle

Traditionell fallen in der Buchhaltung besonders viele Routineaufgaben an: Eingangsrechnungen und Lieferscheine werden erfasst, Zahlungsrückstände verfolgt, Rechnungen ausgestellt. Zahlreiche manuelle Tätigkeiten, die zu hohen Kosten für die Unternehmen und zu wenig attraktiven Tätigkeiten für die Mitarbeitenden führen.

Im Umfeld der Finanzabteilungen wurden daher schon früh robotergestützte Automatisierungen (RPA) eingeführt. Denn die zu erfassenden Daten aus Zahlungsflüssen und Lieferverpflichtungen liegen überwiegend in strukturierter Art vor. Eine KI zur Erfassung unstrukturierter Daten wurde lange nicht benötigt. Zudem sollte man meinen, dass es in der Buchhaltung derart reguliert vorgeht, dass es keine »unbekannten« Entscheidungen gibt, für die ein KI-System trainiert werden müsste. Außerdem betreffen die oben genannten Anwendungsfelder die Vergangenheit.

Mit KI sind Finanzabteilungen aber heute in der Lage, Vorhersagen für die Zukunft zu treffen. Wie werden sich die Marktpreise entwickeln? Welche Zahlungsausfälle können auftreten? Wie beeinflussen diese die Liquiditätsplanung?

### 7.8.2    Unsere Empfehlungen

Neben den Chancen für die Steigerung der Produktivität (durch die Intelligente Automatisierung von Routineprozessen), bietet KI neue Möglichkeiten im Umgang mit den erzeugten Daten. Anstatt nur Zahlen zu berechnen, können Experten und Expertinnen ihren Fokus darauf legen, relevante Erkenntnisse aus ihnen zu generieren.

Wir sehen daher primäre KI-Anwendungsfälle für Controlling und Buchhaltung in folgenden **2 Sektoren:**

- **Sektor 1: Ende-zu-Ende Automatisierung der Finanztransaktionen**
  Die vollständige Automatisierung eingehender Rechnungen schafft zeitliche Freiräume. KI-Lösungen ermöglichen es darüber hinaus, auch anhängende Belege inhaltlich zu erfassen und mit erfassten Bestellungen abzugleichen. Diese Automatisierung ermöglicht schnellere Prognosen. Die Planung der Zahlungsflüsse wird präziser, mögliche Skonti können in Anspruch genommen werden. Sie ermöglicht aber gleichzeitig eine verbesserte Compliance und Betrugserkennung.
- **Sektor 2: Zahlungsverkehrs- und Risikoüberwachung (Fraud Management)**
  KI wird dazu führen, dass es bessere Finanz-Cockpits gibt. Aus den integrierten Datenströmen lassen sich Simulationen ausführen und Vorhersagen generieren.

## 7.9    KI in der Personalabteilung (HR)

Lediglich 21 Prozent jener Unternehmen, die KI-Lösungen bereits operativ einsetzen, verwenden Sie in der **Personalabteilung (HR)**[13].

Das ist vor dem Hintergrund der Studienergebnisse zu »The future of Employment« von Osbourne & Frey (2013) durchaus erstaunlich. Denn die beiden Oxford-Professoren sehen gerade bei den Verwaltungsberufen im Personalwesen eine Wahrscheinlichkeit von 90 Prozent dafür, dass sie bis 2035 automatisiert werden – diese Einschätzung trafen die Wissenschaftler allerdings vor vielen Jahren.

### 7.9.1    Potenzielle Anwendungsfälle

Speziell mit Blick auf das Personalwesen mittlerer bis großer Unternehmen sind diese Annahmen nach wie vor aktuell. Denn aus Sicht von HR-Abteilungen sind Mitarbeitende auch nicht anders zu bedienen als Kunden und Kundinnen. Viele Führungskräfte streben mit der Unterstützung von KI – ähnlich wie ihre Kollegen und Kolleginnen aus dem

---

13    Bitkom e. V., 2021.

Marketing – ein personalisiertes Serviceerlebnis der Mitarbeitenden an, die **Employer Experience**. Mögliche Anwendungen sind u. a. proaktiv vorgeschlagene interne Trainings- und Stellenangebote, die auf den Fähigkeiten der Mitarbeitenden basieren und bei der Karriereplanung helfen – und ganz nebenbei die Bindung von Mitarbeitenden erhöht und Fluktuation entgegenwirkt.

Viele weitere Aufgaben und Prozesse, die Unternehmen im Kundenservice mithilfe von KI intelligent automatisieren und unterstützen können, existieren in ähnlicher Form auch im Mitarbeiterservice – u. a. im **Bewerbermanagement, Recruiting,** oder in der **Personalverwaltung.**

So erfasst die Deutsche Telekom eingereichte Anträge für den Wechsel der gesetzlichen Krankenkasse (GKV) mithilfe von KI und hat diesen Prozess vollständig automatisiert. Obwohl die Bestätigungen zum GKV Versichertenwechsel unstrukturierte Textdokumente sind, die angesichts von mehr als 100 GKV in Deutschland selbst für die manuelle Erfassung »aufwendig« zu lesen sind, kann die eingereichte Bestätigung auf Basis trainierter Machine-Learning-Prozesse mit der KI-Platform von ITyX (www.ityx.de) als solche klassifizieren und die benötigten Fachdaten für eine Übertragung ins Personalsystem extrahieren. Diese im Bereich Kundenservice bekannte **Intelligente Automatisierung** von Prozessen lässt sich auch für zahlreiche weitere Abläufe nutzen: Urlaubs- und Krankheitsmeldungen, Anträge für Kuren und betriebliche Weiterbildung sowie die Erfassung und Abrechnung von Reisen.

KI erweist sich aber nicht nur für die Automatisierung von Verwaltungsprozessen als wertvoll. Es gibt viele weitere Anwendungsfelder für die Transformation der Effizienz im Personal- und Talentmanagement.

Wir sehen zunehmend KI-Anwendungen bei der Personalbeschaffung. Sie erfassen und bewerten Bewerbungen, scannen soziale Medien und analysieren zahlreiche Datenpunkte, um passende Expertinnen und Experten zu identifizieren.

Und gerade weil Fachthemen im Zuge der Digitalisierung immer diverser und differenzierter betrachtet werden, kann KI in **Matching-Plattformen** eingesetzt werden, damit aus dem Expertenpool die richtigen Fachleute für spezielle Aufgaben ermittelt werden. Daraus ergeben sich zusätzlich auch wertvolle Analysen zum vorhandenen Skillset der Mitarbeiter:innen, aus denen früh strategische Maßnahmen entwickelt werden, um künftige fachliche Defizite in der Belegschaft zu ermitteln.

### 7.9.2   Unsere Empfehlungen

KI ermöglicht die intelligente Automatisierung von operativen HR-Prozessen in der Personalverwaltung (Chance: Kosteneinsparungen) und ein weites Feld an personalisierten Services für die Mitarbeitenden (Chance: Hohe Mitarbeiterzufriedenheit, verbesserte Personalentwicklung). Unternehmen, die Maßnahmen für eine personalisierte und kundenorientierte Employee Experience umsetzen, steigern die durchschnittliche Leistung ihrer Mitarbeiter um 17 Prozent.

Wir sehen primäre Einsatzfälle in folgenden 3 Sektoren:
- **Sektor 1: Automatisierte Bewerberauswahl (Recruitment)**
- **Sektor 2: Automatisierte und personalisierte HR Services (Employee Experience)**
- **Sektor 3: Mitarbeiterentwicklung und unternehmensweite Skillsets**

Die Einsatzfelder für KI und intelligente Automatisierung im Umfeld von Personalabteilungen sind weit. Die meisten Unternehmen konzentrieren ihre KI-Bemühungen jedoch auf die zuvor genannten Sektoren.

Ganz ähnlich schätzen die Analysten von Gartner die derzeitigen Anwendungstrends ein: von den Unternehmen, die KI in der Personalabteilung einsetzen, nutzen 40 Prozent sie im operativen HR-Betrieb (siehe Sektor 2), 38 Prozent in der Bewerberauswahl (siehe Sektor 1) und ebenso 38 Prozent zur Messung der Performance und Entwicklung der Mitarbeitenden[14].

Wir raten dazu, insbesondere in den genannten Sektoren die weiteren Entwicklungen im Auge zu behalten. In größeren Unternehmen und in Shared-Service-Centern sollten darüber hinaus Investitionen in strategische Konzepte und passende Applikationen kurzfristig erfolgen.

Denken Sie aber in jedem Fall daran, dass Sie sensible Daten Ihrer Mitarbeitenden erfassen. Daher müssen Sie sicherstellen, dass Sie die relevanten Datenschutzbestimmungen bereits in Strategie und Konzeption verankern und nicht bloß operativ verfolgen. Darüber hinaus sollten Sie sich mit den zu erwartenden Regelungen des AI ACT der EU (Kapitel 3.4.2) auseinandersetzen, dessen Verabschiedung noch für 2022 erwartet wird. Danach müssen Sie jederzeit sicherstellen und ständig überprüfen, dass die verwendeten Daten »sauber« sind. Sie müssen unvoreingenommen erfasst und sparsam verwendet werden.

## 7.10  KI in der Supply Chain

In den letzten Jahren ist das Management von Lieferketten (Supply-Chain-Management oder SCM) in Folge der Covid-Pandemie zu einem erfolgskritischen Faktor der globalen Ökonomie geworden. Die Verknappung von Rohstoffen, die begrenzte Ver-

---

14  Vgl. AI Shows Value and Gains Traction in HR: in: Gartner, 13.03.2020, https://www.gartner.com/ smarterwithgartner/ai-shows-value-and-gains-traction-in-hr (abgerufen am 29.05.2022).

fügbarkeit freier Transportkapazitäten sowie regionale Besonderheiten haben dazu geführt, dass Unternehmen agil und flexibel auf Engpässe und Abhängigkeiten reagieren mussten.

### 7.10.1 Potenzielle Anwendungsfälle

Was wäre passiert, wenn Sie all diese Einflussfaktoren in einem Datenmodell erfassen und die potenziellen Auswirkungen hätten vorhersehen können? Das hätte Ihnen vielleicht dabei geholfen, die Auswirkungen der veränderten sozio-ökonomischen Rahmenbedingungen auf Ihre Handlungsfähigkeit vorherzusagen. Die Funktion nennt sich **KI im Lieferkettenmanagement**.

Apropos Covid-Pandemie: Die Lieferverzögerungen und Unterbrechungen der Supply Chain haben deutlich gemacht, dass Unternehmen Ihre Fähigkeiten zur agilen Planung verbessern müssen. Rohstoffe, Produktionskapazität, dynamische Logistik, Vertrieb: Lieferketten sind ineinandergreifende Funktionen, deren Zustand, Auslastung und Verfügbarkeit in Echtzeit verfolgt werden sollten. Nur so kann die Auswirkung einer »Fehlfunktion« auf die gesamte Kette prognostiziert und auf Engpässe reagiert werden.

KI kann Unternehmen bei dieser Herausforderung entscheidend unterstützen. KI kann riesige Datenmengen aus unterschiedlichen Quellen und Perspektiven aggregieren und Zusammenhänge erkennen, Ursachen einschätzen und deren potenzielle Auswirkung vorhersagen. Diese **datengetriebene Erkenntnis hilft bei der Entscheidungsfindung**.

Was, wenn im Suezkanal nochmal ein Frachter blockiert, sich auf einmal die Nachfrage nach speziellen Produkten bei Endkunden verändert? Wissen Sie, welche Auswirkungen diese Faktoren auf Ihre Produktion haben, wie hoch die Lieferlücke sein wird? Können Sie einschätzen, wie sehr die Einstellung von Vertriebskampagnen zu einer Senkung der akuten Nachfrage führt?

Eine **durchgängige Data Governance und KI** erkennen diese Veränderungen in den Lieferketten und können realitätsnahe Prognosen auf die wahrscheinlichen Veränderungen in anderen Organisationseinheiten erstellen. Entscheiderinnen und Entscheider können also flexibel auf die neue Situation zeitnah reagieren – und sie müssen es sogar. Denn das neue Lieferkettengesetz (LkSG) verpflichtet sie, ähnlich der Compliance-Gesetze für Banken, ihre Lieferketten zu monitoren und zu auditieren. Entscheidend ist: Wenn die Geschäftsleitung um Ausfälle und Einflüsse weiß, ist sie gesetzlich zur Reaktion verpflichtet. Letzten Endes hilft KI in einer solchen Situation nicht nur bei der Steigerung der Effizienz innerhalb der Lieferketten, sondern leistet auch einen wichtigen Beitrag zur Vermeidung von Risiken[15].

Aber KI ist auch hier nicht bloß eine Software oder Technologie. KI muss strategisch implementiert und adaptiert werden, um die Wertschöpfungsketten effektiv und nachhaltig auswerten und steuern zu können. Wie immer also: es geht nicht bloß um die Technologie, sondern um das richtige Handling. Und eine datengetriebene Ende-zu-Ende Lösung für die gesamte Lieferkette zu erreichen, ist eine Mammutaufgabe.

**In KI-gestützten Lieferketten steht der Kunde im Mittelpunkt.**

Der Handelsriese Amazon verfolgt und überwacht 1,5 Milliarden Artikel. Jeden Tag[16].

Wir alle können uns gut vorstellen, wie ehrgeizig die Umgestaltung der Lieferketten eines Unternehmens werden wird. Im Wesentlichen möchten wir diese Mammutaufgabe in 3 Bereiche aufgliedern.

Die KI-Anwendungsfälle für das Lieferkettenmanagement lassen sich unterscheiden anhand der **drei Sektoren** Einkauf und Zulieferung, Produktion, Logistik und Handel.

Und jeder Sektor besitzt für sich Chancen für eine Effizienzsteigerung durch KI. Aber die Kunst ist es, die Glieder der Kette optimal aufeinander abzustimmen. All diese Bereiche mit Ihren spezifischen Herausforderungen und KI-Einsatzfeldern optimal zu verbinden ist das Ziel. Der Fokus: datengestützte Abläufe mit maximaler Transparenz für jeden Schritt vom Rohstoff bis zum Endkunden.

- **Sektor 1: Einkauf und Zulieferung**
  - vernetzte Lieferketten
- **Sektor 2: Produktion**
  - Optimierte »in-time« Bereitstellung von Komponenten
  - KI-gestützte Qualitätssicherung zur Vermeidung von Defekten & Retouren
- **Sektor 3: Logistik und Handel**
  - Verkürzung der Kommissionierwege im Lager
  - Steuerung der Mitarbeiter
  - Predictive Supply Chain und Routenplanung

---

15  Vgl. CSR – Lieferkettengesetz: in: www.bmas.de, 2022, https://www.csr-in-deutschland.de/DE/Wirtschaft-Menschenrechte/Gesetz-ueber-die-unternehmerischen-Sorgfaltspflichten-in-Lieferketten/gesetz-ueber-die-unternehmerischen-sorgfaltspflichten-in-lieferketten.html (abgerufen am 29.05.2022).

16  Varela Rozados, Ivan & Tjahjono, Benny. (2014). Big Data Analytics in Supply Chain Management: Trends and Related Research. 10.13140/RG.2.1.4935.2563.

### 7.10.2   Unsere Empfehlungen

Identifizieren Sie alle Elemente Ihrer Supply Chain: Von der Beschaffung über die Fertigung bis hin zur Logistik und schließlich zum Vertrieb. Stellen Sie unbedingt sicher, dass Sie zu Beginn einen genauen Überblick der Funktionen und Einflussfaktoren auf Ihre Kette erarbeiten.

Beginnen Sie dann mit Ihrem Zielbild. Ermitteln Sie die KPIs entlang der Sektoren, die Sie zur Steuerung benötigen. Beginnen Sie danach mit der Ideenfindung und priorisieren Sie dann Ihre potenziellen Anwendungsfälle – abhängig von schnellen Effizienzgewinnen und verfügbaren Ressourcen. Nutzen Sie dabei eine Matrix mit zwei Dimensionen: Einfachheit der Umsetzung einerseits, potenzielle Auswirkung andererseits.

Starten Sie – falls noch nicht geschehen – mit Experimenten. Fokussieren Sie sich dabei immer auf konkrete Anwendungsfälle und beziehen Sie die Beteiligten in Ihre »Leuchtturm-Projekte« ein.

In der Praxis empfiehlt es sich für das skizzierte Vorhaben einen CSCO »Chief Supply Chain Officer« zu ernennen. Insbesondere dann, wenn die Lieferketten im Zentrum der Wertschöpfung Ihrer Marke stehen – Sie also Händler oder Hersteller sind. Auf diese Weise können Sie Risiken minimieren und sicherstellen, dass die fehlende Steuerbarkeit der Supply Chain aus der Vergangenheit zu einer kalkulierbaren Transformation der Gegenwart und Zukunft wird.

## 7.11   Key Takeaways

Nachdem wir nun die relevanten Sektoren und Einsatzfälle für KI aus Sicht der einzelnen Unternehmensbereiche bewertet haben, wollen wir die **Erkenntnisse dieses Kapitels** zusammenfassen – und werden noch wichtige **Hinweise** und **Praxistipps** einfügen:

1. KI kann in praktisch allen Unternehmensbereichen und Branchen eingesetzt und dort zu einem Gamechanger werden. Denn KI hilft dabei, manuelle Abläufe effizienter zu gestalten und große Datenmengen nach Erkenntnissen zu durchsuchen, die für wichtige Unternehmensentscheidungen benötigt werden.
2. Kundenservice, Marketing, Supply-Chain-Management und Produktion sind Unternehmensbereiche, die besonders von der »Natur der KI« profitieren können.
3. Die wichtigsten KI-Geschäftsanwendungen basieren auf Bild- und Videoanalyse, Gesichtserkennung, Erkennung und Verarbeitung natürlicher Sprache, Analyse von Texten und Dokumenten, Vorhersage von Kundenverhalten.

4. Es gibt bereits eine Reihe von standardisierten Lösungen und »AI-as-a-Service«, die Ihnen die Pilotierung und Adaption einfach machen. Von daher ist die Make-or-buy-Entscheidung eine kritische (siehe Kapitel 13.1.1). Wir haben viele KI-Roadmaps scheitern sehen, weil Unternehmen sich in »Nebensächlichkeiten« verloren haben und in den KI-Stillstand abgerutscht sind.

5. Gerade in KMU verhindern häufig diese Aspekte eine zukunftsfähige KI-Strategie: fehlende Datenkultur, fehlende KI-Expertise, mangelndes Bewusstsein für Chancen und Umgang mit KI, fehlende Trainings und Transparenz für Management und Arbeitnehmende, sowie die Unsicherheit hinsichtlich der rechtlichen und technischen Rahmenbedingungen.

6. KI-Systeme beruhen dem Prinzip »Erfassung-Validierung-Entscheidung-Ergebnisbewertung«. Sie werden anhand von Daten trainiert. Ohne eine unternehmensweite Strategie zum Umgang mit Daten (Data Governance) ist KI wie ein Tesla ohne Steckdose.

7. Daten sind der Schlüssel. Etablieren Sie eine agile Vorgehensweise für die Konzeption, Erfassung und Entwicklung jener Datenpunkte, die für Ihren Weg zu datengetriebenen Unternehmensentscheidungen entscheidend sind. Wichtig: Die mögliche Auditierung Ihrer KI-Lösungen und Datenschutz-Gesetze sind kritische Erfolgsfaktoren, die Sie niemals vernachlässigen sollten.

8. Ohne den Menschen geht es nicht. Sensibilisieren Sie Mitarbeitende, Budgetverantwortliche und Geschäftsführende für die Vorteile von KI. Schaffen Sie interdisziplinäre Hubs in denen Austausch herrscht und Commitment wächst.

9. Die Mehrheit (!) der KI-Anstrengungen scheitern an der fehlenden Replikation und Skalierung der Ergebnisse. Fokussieren Sie sich daher nicht auf das »Reagenzglas«, sondern heilen Sie die »Krankheit«. Wir wollen damit sagen: ohne den Patienten ist die Arznei sinnlos. Ziehen Sie immer die Expertise der Fachabteilung hinzu, um Akzeptanz (und einen Business Case) zu schaffen.

# 8 KI aus Sicht der Branchen: Die Trendradare

Nachdem wir in Kapitel 7 den Einfluss von KI auf ausgewählte Unternehmensbereiche angesehen haben, wechseln wir in diesem Kapitel in die Perspektive der Branchen – und kommen damit zu den hochspannenden Themen, die uns Autoren motiviert haben, dieses Buch zu schreiben: den **Trendradaren KI**.

Die Idee zu den Trendradaren haben wir im Frühjahr 2020 entwickelt, mit dem Ziel, ein dynamisches Instrument der Früherkennung relevanter KI-Anwendungsfälle zu entwickeln, mit dem wir die Geschwindigkeit der KI-Adoption aus Sicht der Wirtschaft laufend verfolgen und messen können.

Denn wir sind davon überzeugt, dass unsere Ökonomie speziell in Deutschland noch sehr weit am Anfang steht, was die Nutzung intelligenter maschineller Verfahren und automatisierter Entscheidungen mithilfe von KI angeht.

### Orientierungshilfe für Unternehmen

Deshalb wollten wir eine Orientierungshilfe für Unternehmen (und natürlich auch deren Mitarbeitende) schaffen, mit der relevante Anwendungsfälle jeweils aus Perspektive der Branchen eingeschätzt werden können. Daraus entwickelten wir die Idee der Trendradare. Sie ist angelehnt an die CEX Trendradare (Hafner / Henn). Und wir entschieden uns bewusst für eine **qualitative Betrachtung der Entwicklungen** aus der Sicht von Experten und Expertinnen der jeweiligen Branchen. Denn wir meinen, dass eine repräsentative Studie innerhalb der Wirtschaft über die Anwendungsfälle zu früh kommen würde. Denn noch herrscht zu viel Ungewissheit über die potenziellen Strategien für eine Operationalisierung der Chancen durch KI innerhalb der Wirtschaft. Wir glauben daher, dass die Ergebnisse einer Umfrage zu große Unschärfen und womöglich wenig praxisnahe Stimmungsbilder dokumentieren würden.

Vielleicht haben wir als Autoren sogar Glück: Im optimalen Fall wünschen wir uns, dass unsere Technik der Trendradare von Medien und Branchenverbänden aufgegriffen und veröffentlicht wird, sodass Sie zu einem dynamischen Instrument der Einschätzung aktueller Entwicklungen rund um KI und Intelligente Automatisierung in Unternehmen wird.

Falls Sie über die Lektüre dieses Werks hinaus die Entwicklung der Trendradare weiterverfolgen möchten, weisen wir auch an dieser Stelle noch einmal darauf hin: Wir werden regelmäßig Updates liefern. Im Kapitel »Was Ihnen dieses Buch bietet« vorne im Buch erfahren Sie dazu Näheres.

## 8.1   Funktion und Methodik

Wir haben die Trendradare KI also als »Navigationshilfe« für Führungskräfte in Unternehmen entwickelt, um eine Orientierung für die strategischen Investitionsentscheidungen der kommenden Jahre zu unterstützen. Denn wir müssen leider feststellen:

**Es herrscht gefährliches Unwissen über die Chancen
und marktreifen Einsatzfelder von KI**

Auf der Schwelle in eine digitale Ökonomie spielen kognitive Systeme und intelligente Services eine immer entscheidendere Rolle. Kein Unternehmen kann es sich daher erlauben, diese Entwicklung zu ignorieren. Denn KI läutet faktisch so etwas wie eine weitere industrielle Revolution ein.

Aber, liebe Leserinnen und Leser: Um die Auswirkungen auf das eigene Geschäftsmodell und die Veränderungen innerhalb der Branchen zu verstehen, müssen Sie die Anwendungsfelder realistisch einschätzen können und sich auch mit regulatorischen und ethischen Fragestellungen beschäftigen. Denn das kann für Sie und Ihr Arbeitsumfeld von entscheidender Bedeutung sein.

Mehr als 80 % der Führungskräfte in Banken und Versicherungen halten KI für den entscheidenden Wettbewerbsfaktor der kommenden Jahre – insbesondere, wenn es um Themen wie Personalisierung von Services und Automatisierung von kundenzentrierten Abläufen geht[1]. Aber:

**Welche KI-Anwendungsfälle sind wirklich relevant?**

Welchen Reifegrad haben die angebotenen Lösungen und Services? Und welche Auswirkung hat der Einsatz von KI auf Kunden, Mitarbeiter und Geschäftsmodelle? Das Trendradar KI soll die relevanten Anwendungsfälle für ausgewählte Branchen beurteilen und einordnen. Wir wollen sie im Hinblick auf ihr Nutzenpotential (**Impact**) und ihren Reifegrad (**Maturity**) bewerten.

Die Trendradare KI fußen nicht auf einer quantitativen Basis, sondern erfassen eine qualitative Sicht der von Experten als relevant betrachteten Anwendungsfälle. Sie basieren auf persönlichen Interviews und Experten-Roundtable, die wir Autoren zwischen Mai 2021 und März 2022 durchführten.

---

1   Vgl. KI ist der wichtigste Erfolgsfaktor – sagen mehr als 80 Prozent der Finanzinstitute in einer NTT DATA-Studie: in: NTT DATA, 22.04.2021, https://de.nttdata.com/newsroom/2021/ki-ist-der-wichtigste-erfolgsfaktor (abgerufen am 29.05.2022).

## 8.2   Impact: Welche KI-Anwendungsfälle sind wirklich relevant?

Wir unterscheiden bei den Trendradaren KI **drei Stufen des Impacts** eines Anwendungsfalls auf die mögliche Marktdurchsetzung und das zu erwartende Veränderungspotential für die jeweils betrachtete Branche:

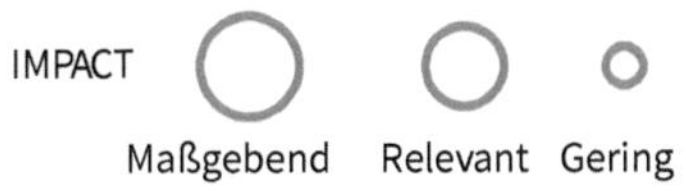

**Abb. 14:** Die Darstellung des Nutzenpotentials (Impact) von KI auf die jeweiligen Anwendungsfälle in den Trendradaren KI

**Stufe 1: Gering.** Die Trendradar Expertinnen und Experten messen diesem Anwendungsfall einen tendenziell geringen Einfluss auf nennenswerte Effizienzverbesserungen innerhalb der betrachteten Branche bei. Das Innovationspotential des Anwendungsfalls durch KI ist nicht bedeutend. Oder der Anwendungsfall wird als »Nischen-Anwendung« betrachtet, die nicht das Potential besitzt, das Geschäftsmodell der Branche zu verändern.

**Stufe 2: Relevant.** Der Einsatz von KI in diesem Anwendungsfall besitzt ein deutliches Potential für Kostensenkungen und/oder Qualitätsverbesserungen. Die beteiligten Expertinnen und Experten gehen aber nicht davon aus, dass KI einen »disruptiven« Einfluss auf die Branche haben wird.

**Stufe 3: Maßgebend.** Der betrachtete Anwendungsfall besitzt durch den Einfluss von KI durchaus ein »disruptives« Potential für eine Verbesserung von Produkten und Services. Der Einsatz kann für einzelne Unternehmen zu erheblichen Vorteilen (oder Nachteilen – eine Frage der Perspektive) führen.

Mit unseren Trendradaren KI bewerten die Expertinnen und Experten gleichzeitig aber auch den technologischen Reifegrad von Anwendungsfällen – neudeutsch »Maturity«. Wir haben den Beteiligten also für jeden Anwendungsfall gleichzeitig folgende Frage gestellt:

## 8.3   Maturity: Wie ausgereift und einsatzfähig sind die Anwendungsfälle?

Wir haben uns dazu entschieden dabei nach **vier Stufen der Maturity** eines Anwendungsfalls zu unterscheiden:

Standard  Adoption  Prototyp  Vision

**Abb. 15:** Die Darstellung der Anwendungsreife (Maturity) von KI für die jeweiligen Anwendungsfälle in den Trendradaren KI

**Stufe 1: Vision.** Aus Sicht der beteiligten Expertinnen und Experten stellt der jeweilige Anwendungsfall eine Vision in Forschung und Entwicklung dar. Auf wissenschaftlichen Konferenzen wird viel und vielleicht auch kontrovers darüber diskutiert. In der kurzfristigen Strategie der Unternehmen spielt der Anwendungsfall aber noch keine Rolle, denn der Anwendungsfall hat noch keinen »prototypischen« Status erreicht, sodass eine Marktreife in weiter Ferne liegt.

**Stufe 2: Prototyp.** Der Anwendungsfall ist bereits prototypisch in der Praxis umgesetzt worden, hat aber die Schwelle zur operativen Reife nicht nicht erreicht. Gleichwohl raten die Expertinnen und Experten dazu, die weitere Entwicklung zu verfolgen und sich laufend über die Ergebnisse zu informieren.

**Stufe 3: Adoption.** Der Anwendungsfall gilt als operativ bekannt und hat die Schwelle zur Marktreife erreicht. Es existieren bereits standardisierte Angebote und Services. Erfahrungen über die Ergebnisse und Perspektiven liegen vor. Unternehmen sollten mögliche Investitionen prüfen.

**Stufe 4: Standard.** In der Branche wurden aus Sicht der Expertinnen und Experten bereits weitreichende Erfahrungen bei der Operationalisierung des Anwendungsfalls gesammelt. Unternehmen sollten ein konkretes Umsetzungsszenario verfolgen, um kurzfristig mit dem Einsatz starten zu können.

Durch diese Systematik der Trendradare KI konnten wir in den Roundtables mit den Expertinnen und Experten eine ausreichende Trennschärfe zwischen den beiden Perspektiven **Impact** und **Maturity** schaffen. Diese ist über alle Branchen hinweg gültig und anwendbar. Allerdings sind in den jeweiligen Branchen die Einsatzfelder für KI-Anwendungsfälle unterschiedlich.

So gehört beispielsweise die intelligente Unterstützung der Schadenaufnahme durch KI zu einem wichtigen Einsatzfeld bei Versicherungen. Für Banken und Finanzdienstleister ist dieses Einsatzfeld hingegen irrelevant. Für sie gelten aber durch die Compliance-Richtlinien eine Reihe gesetzlicher Vorschriften, für deren Verfolgung und Einhaltung der KI-Einsatz wiederum hohe Relevanz besitzt. Wir haben uns daher dazu entschlossen, die Anwendungsfälle den spezifischen Sektoren der Branche zuzuordnen und haben gefragt:

## 8.4 In welchen Sektoren kommen die KI-Anwendungsfälle zum Einsatz?

Wie wir in Kapitel 7 bei der Betrachtung der Unternehmensbereiche bereits festgestellt haben: Insbesondere in den drei Sektoren Kundenservice, Marketing oder Verwaltung ist KI branchenübergreifend bedeutsam. Doch kann die Bezeichnung der Sektoren, wie sie in den Experten Roundtables entwickelt wurden, davon abweichen – auch wenn ähnliche Sektoren gemeint sind und betrachtet werden. Ebenso kann ein Anwendungsfall aus Sicht unterschiedlicher Sektoren betrachtet werden.

Die Bewertung der KI-Anwendungsfälle für die Sektoren Banken und Finanzdienstleister sowie Versicherungen erfolgte in Form von virtuellen Roundtables im Juni 2021. Der Roundtable für die Gesundheitsbranche wurde im März 2022 durchgeführt. Bei der Durchführung aller Experten-Roundtables haben wir in der Moderation eine Variante der Delphi-Methode eingesetzt[2].

Zunächst wurde ein gemeinsames Verständnis zu den Anwendungsfällen geschaffen. Alle Expertinnen und Experten waren sich einig, dass wir in den Trendradaren ausdrücklich die **Bedeutsamkeit der KI für die Weiterentwicklung des jeweiligen Anwendungsfalls** bewerten, und nicht den Anwendungsfall selbst.

Danach erfolgte die Einschätzung von Marktreife und Branchenrelevanz des KI-Einsatzes im jeweiligen Anwendungsszenario durch eine Echtzeitabstimmung mithilfe eines Onlinefeedbacktools. Abschließend wurden Anwendungsfälle mit stark unterschiedlichen Bewertungen im Panel diskutiert und die Bewertungen bei Bedarf nochmals angepasst.

In den nun folgenden Kapiteln werden wir als Ergebnis der Experten-Roundtable die Trendradare KI für Finance, Insurance und Healthcare auswerten und Empfehlungen aus Sicht der Branchen aussprechen. Trendradare zu den weiteren Branchen werden sukzessive folgen.

---

2 Vgl. Grünwald, Robert: Die Delphi-Methode: Stufenweise Befragung – NOVUSTAT, in: Statistik Service, 02.12.2020, https://novustat.com/statistik-blog/die-delphi-methode.html (abgerufen am 29.05.2022).

# 9 Trendradar KI: Banken und Finanzdienstleister

Überall dort, wo es um Zahlen geht und große Volumen von Datensätzen (Transaktionen) verarbeitet werden, kann maschinelle Intelligenz (Rechen-)Operationen immer schneller und häufig sogar besser als der Mensch durchführen. Und tatsächlich gibt es kaum eine Branche oder einen Unternehmensbereich, wo Daten und datengetriebene Entscheidungen derart eng mit dem Kern der Wertschöpfung verbunden sind wie in Banken. Zudem haben wir als Autoren beide einen Teil unseres Berufslebens im Umfeld von Banken verbracht und die frühe »Technisierung« selbst mitgestaltet: Die Finanzdienstleistung war eine der ersten Branchen, in der Computer verwendet wurden. Zuerst sündhaft teure Großrechner, später Computer an Arbeitsplätzen und Kassen.

Hinzu kommt heute, dass das moderne Finanzwesen ohnehin überdurchschnittlich von der Digitalisierung erfasst ist. Banken durchlaufen einen fundamentalen Wandel, der sie zur Rationalisierung der dienstleistungsbezogenen Geschäftsabläufe und zur Fokussierung auf die veränderten Kundenerwartungen zwingt. Der Schlüssel zur Lösung dieser Herausforderungen liegt maßgeblich in der Nutzung KI-gestützter Automatisierung. Dies wird nach Meinung unserer Trendradar Experten und Expertinnen in den kommenden Jahren zu einer Vervielfachung der KI-Budgets führen.

Der Finanzsektor gehört zu den Branchen, die sich mit frühen Methoden des Machine Learning (ML) auseinandergesetzt haben. Damals lag der Fokus auf algorithmischen Handelsempfehlungen und Aktienstrategien. Heute sind KI-gestützte Expertensysteme u. a. in Form von Robo-Advisors selbst für Endkunden als Service verfügbar.

Den Fokus aber setzen Banken und Finanzdienstleister auf Automatisierungen an der Schnittstelle zum Kunden, ein effektiveres Risikomanagement und die Einhaltung der Vorschriften (Regulatorik und Compliance). Vor diesem Hintergrund haben wir uns bei der Erstellung des Trendradars KI für Banken und Finanzdienstleister auf **3 wesentliche Sektoren** fokussiert.

> **Sektor 1: Trendradar der KI-Anwendungsfelder in Marketing und Produktmanagement**

> **Sektor 2: Trendradar der KI-Anwendungsfelder in Kundenservice und Vertrieb**

> **Sektor 3: Trendradar der KI-Anwendungsfelder in Compliance und Risk-Management**

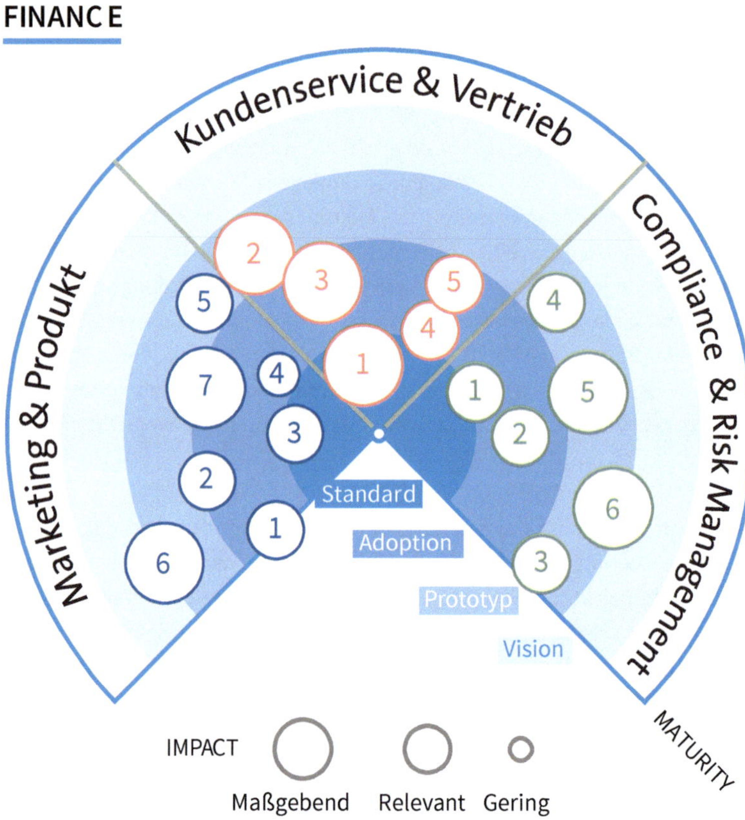


| Marketing & Produkt | Kundenservice & Vertrieb | Compliance & Risk Management |
|---|---|---|
| 1) Customer Analytics | 1) Customer Service Automation | 1) Document Recognition & Cognitive Data Capture |
| 2) Robo Advisor | 2) Chatbots & Voicebots | 2) Fraud Detection |
| 3) Algorithmic Trading | 3) Intelligent Document Processing | 3) Reg Tech |
| 4) Sentiment Analysis | 4) Customer Analytics | 4) Data Quality |
| 5) Digital Identity | 5) Churn Prevention | 5) Cyber Security |
| 6) Personalisation | | 6) Risk Management |
| 7) Credit Scoring | | |

**Abb. 16:** Trendradar KI für Banken und Finanzdienstleister

## 9.1 Unsere Empfehlungen

**1. Banken und Finanzdienstleister sollten in die intelligente Automatisierung von Abläufen in Kundenservice und Vorgangserfassung investieren: Customer Service Automation und Intelligent Document Processing (Operations).**

Die beschleunigte Abwicklung von Anträgen und Beschwerden in Kundenservice und Backoffice (Back-Ende-Operations) gehört zu jenen Anwendungsfeldern, die Unternehmen primär mit KI verbinden[1].

Hier machen gerade die Banken und Finanzdienstleister keine Ausnahme. Durch den Einsatz von KI (zumeist ML) und natürlicher Sprachverarbeitung (NLP) werden Antragsverfahren (Kredit, Leasing, Hypothek) und Kundendialoge weitestgehend automatisiert. KI ermöglicht über die traditionellen regelbasierten Ansätze hinaus eine automatisierte Erfassung von strukturierten (Formularen) und unstrukturierten (E-Mail, Bescheinigungen und Nachweise) Inhalten: Vermögensverzeichnisse, Grundbuchauszüge, Objektbeschreibungen oder Gehaltsnachweise. Die Trendradar Expertinnen und Experten sehen hier ein drängendes Potential für den Einsatz von KI und eine hohe Reife der im Markt angebotenen Lösungen der Vendoren.

**2. Viele der Herausforderungen in Compliance und Risk-Management können Banken mit KI-Unterstützung lösen. Insbesondere im Bereich Fraud Detection und Payments.**

Wir sind in Kapitel 3.2 »Perspektiven: Wo KI einen Unterschied machen wird« bereits ausführlich darauf eingegangen: KI-Anwendungen können Muster und Zusammenhänge erkennen, die Menschen nicht (ohne Weiteres) erkennen können. Zahlungsdaten werden parametrisiert und nach Auffälligkeiten geprüft, ohne dass es hierfür einer expliziten Programmierung bedarf. Die Trendradar Expertinnen und Experten sehen hier ein großes Potential für den Einsatz von KI und eine hohe Reife der im Markt angebotenen Lösungen der Vendoren. Im Hinblick auf Regulierung und Compliance zeigt sich das Einsatzgebiet als wenig entwickelt und vor allen Dingen als »Make-Strategie«. Beachten Sie dazu also gerne auch unsere Hinweise in Kapitel 13.1.1.

**3. Banken können mit KI die Wünsche und Möglichkeiten ihrer Kunden antizipieren und datengetriebene Entscheidungen treffen. Der Einsatz von KI in Customer Analytics, Credit Scoring und Decisioning ist ein nachhaltiger, wichtiger Trend.**

Bei Kreditentscheidungen greifen Banken traditionell auf die Bewertungen der Kreditauskunfteien (u. a. Schufa) zurück. Künftig werden zunehmend Daten zur Entscheidung herangezogen, die Unternehmen aus Verhaltensmerkmalen ihrer Bankkunden ableiten: analysierte Zahlungsmuster, Verwendung laufender Einkommen, aber auch – sofern vorhanden und nutzbar – Analysen aus sozialen Netzwerken und Serviceinteraktionen. Die Experten gehen davon aus, dass ML-Modelle zur Einschätzung von Kreditrisiko und Kreditwürdigkeit an Bedeutung gewinnen werden. Von daher werden zunehmend Kundendaten aus Belegen, Nachrichten und Anträgen herangezogen. Die Fähigkeit, diese Daten präzise zu extrahieren und im Kontext der Cus-

---

1    Bitkom e. V., 2021.

tomer Journey verfügbar zu machen, stellt in ihren Augen eine der wichtigen Trends im Geschäft von Banken und Finanzdienstleistern dar.

**Investitionskorridor**

Gegenüber 2020 gehen die Analysten davon aus, dass sich die Investitionen bis zum Jahr 2026 auf ein Volumen von 26,7 Mrd. USD[2] nahezu vervierfachen werden. Die Roundtable-Experten raten dazu, jetzt insbesondere in folgende Anwendungsfelder zu investieren:

- Customer Service Automation und Intelligent Document Processing
- Fraud Detection und Payments
- Credit Scoring und Decisioning

## 9.2 Sektor: Marketing und Produktmanagement

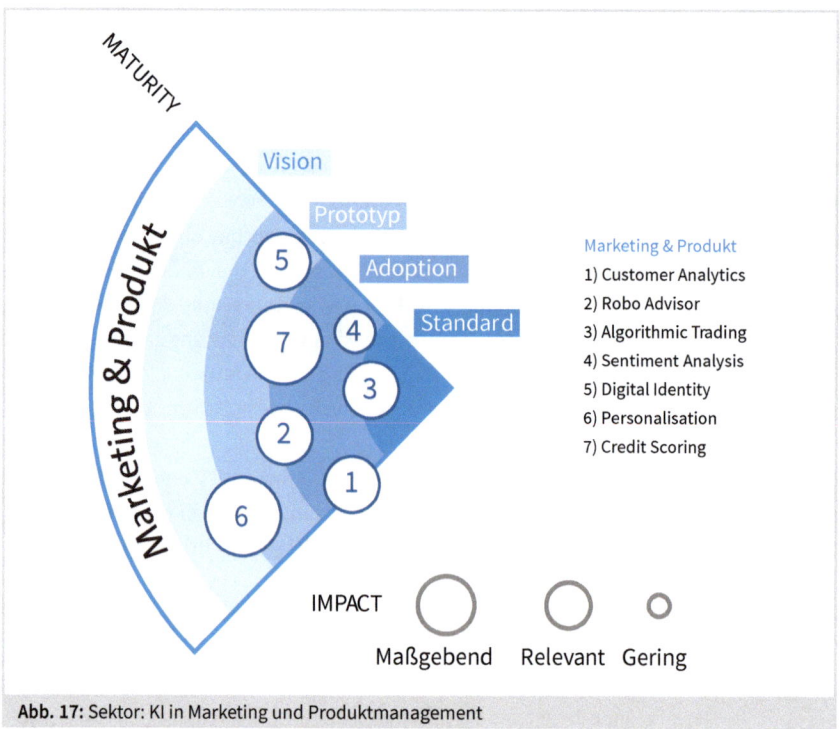

**Abb. 17:** Sektor: KI in Marketing und Produktmanagement

Informationen zu Märkten, Kundenpräferenzen, Produktentwicklungen: Datengetriebene Entscheidungen sind für das Banking der Zukunft von entscheidender Bedeu-

---

2   Laut Mordor Intelligence hatte KI im Bereich Fintech im Jahr 2020 einen Marktwert von 7,91 Mrd. US-Dollar und wird bis 2026 voraussichtlich 26,67 Mrd. US-Dollar erreichen, bei einer durchschnittlichen jährlichen Wachstumsrate (CAGR) von 23,17 %.

tung. Und KI bietet die Chance, aus großen Datenmengen Erkenntnisse zu gewinnen, die Kundenzentrierung fördern und Geschäftsabläufe beschleunigen. Im Sektor »Marketing und Produktmanagement« haben wir folgende Anwendungsfelder mit den Expertinnen und Experten bewertet:

### 9.2.1   (1) Customer Analytics

Längst ist es keine Vision mehr, dass Banken ihren Kunden eines Tages »die Wünsche von den Lippen lesen« werden. KI und Maschinelles Lernen (ML) können die erfassten Daten an den Service-Touchpoints und die Kundenpräferenzen für Preise, Services und individuelle Zusatzleistungen heranziehen. KI als Schlüssel zu einer »Hyperpersonalisierung« von Produkten und Dienstleistungen hat für Banken und Finanzdienstleister sicher eine große Zukunft. Durch die Kombination von ehemals isoliert betrachteten, individuellen Kundenmerkmalen mit soziodemographischen Erkenntnissen und Daten von Marktpartnern können die Bedürfnisse und Vorlieben der Kunden gewichtet und für optimierte Angebote »im rechten Moment« verwendet werden.

Obwohl die befragten Experten der Meinung sind, dass in der Praxis KI für die Analyse von Kundendaten noch weit von den Annahmen der Theorie entfernt ist, schätzen sie den Impact als relevant ein. Banken sollten hier auf Standardlösungen zur Datenerfassung setzen, aber gleichwohl eigenes KI-Know-how aufbauen wenn es um die Interpretation und Verwertung der Informationen geht.

### 9.2.2   (2) Robo Advisor

»Robo Berater« sind Dialogservices, die passende Produkte und Investments empfehlen. Einfache Services sind heute regelbasiert. Sie fragen zumeist persönliche, demographische und finanzielle Informationen ab und geben (zuvor definierte) Empfehlungen. Durch den Einsatz von KI können deutlich detailliertere Informationen in die Anlageempfehlung einbezogen werden. Dennoch: KI-basierte Robo Advisor sind aus Sicht der Experten in der Praxis weit davon entfernt, deutlich bessere Empfehlungen als ihre regelbasierten »Eltern« zu liefern. Aber mit zunehmender Reife werden sie immer präzisere Empfehlungen generieren. Beobachten Sie mögliche Vendoren mit Tools, die leistungsfähig sind und ein zukunftsfähiges Entwicklungsmodell verfolgen.

### 9.2.3   (3) Algorithmic Trading

Beim Algorithmischen Handel (oder »Algorithmic Trading«) mit Wertpapieren werden Datenmodelle mit KI-Unterstützung analysiert, um Handelstransaktionen nach zuvor errechneten, erfolgversprechenden Parametern durchzuführen. Der Vorteil des KI-Einsatzes liegt dabei in der Geschwindigkeit: Mehrere Marktbedingungen können gleichzeitig analysiert und berücksichtigt werden. Algorithmen können aber auch Fehler enthalten und zu einer Überlastung der Handelssysteme führen, wenn ihr Einsatz nicht reguliert ist.

Algorithmischer Handel gilt heute als weit verbreitet – auch wenn eben diese fehlenden regulatorischen Rahmenbedingungen es schwer machen, kurzfristige Chancen aus ihm zu entwickeln. In vielen Bereichen (u. a. Rohstoffbörsen) kann der verstärkte Einsatz von KI für die Beobachtung der kurzfristigen Auswirkungen von Marktbewegungen sinnvoll sein.

### 9.2.4   (4) Sentiment Analysis

KI kann für Stimmungsanalysen – engl. Sentiment Analysis – verwendet werden, um der Berichterstattung über (börsennotierte) Unternehmen und Marktzusammenhänge zu folgen. Banken und Finanzdienstleister können Meldungen maschinell analysieren, um u. a. Abhängigkeiten zwischen Kursveränderungen und korrespondierenden Meldungen zu ermitteln. Positive und negative Sentiments beeinflussen den Handel. Sie maschinell besser zu nutzen ist von Vorteil. Die Expertinnen und Experten bezweifeln allerdings, dass der Impact für die Branche bedeutsam sein wird. Die Empfehlung daher: Technologien verfolgen und Erwartungen realistisch einschätzen. Marktlage beobachten.

### 9.2.5   (5) Digital Identity

Der digitale Identitätsbetrug (Identity Theft) gefährdet Banken, Unternehmen und Einzelpersonen. Wenn Cyberkriminelle die persönlichen Daten einer Person stehlen, können sie in krimineller Weise auf gesicherte Ressourcen zugreifen. Gestohlene Identitäten können für Banken je nach Ausmaß des Schadens massive Auswirkungen haben. Wenn Konten eröffnet oder Zahlungen abgewickelt werden, sind Banken zu kaufmännischer (und systemischer) Sorgfalt verpflichtet.

Mit KI können Institute riesige Mengen von Transaktionsdaten in Echtzeit nach bösartigen Transaktionen durchsuchen. Fortschrittliche KI-Technologien können umgehend reagieren, um Betrugsversuche zu erkennen und Lecks im Zahlungssystem zu schließen. Allerdings: Die intelligente adaptive Authentifizierung (u. a. mit biometrischen Merkmalen oder Standortinformationen) ist nur wenig ausgeprägt. Aus Sicht der Expertinnen und Experten werden in den kommenden Jahren institutsübergreifende Anstrengungen für zuverlässige biometrische Authentifizierungssysteme und intelligente Schutzfilter (u. a. Erfassung von Identitätsbetrugs-IPs, gefälschte Benutzerdaten) notwendig sein.

### 9.2.6   (6) Hyper Personalization

Personalisierung von Geschäftsbeziehungen bedeutet, dass die traditionelle Kundennähe durch die Bankfiliale vor Ort in eine digitale Dimension transformiert wird. Wir haben dafür in früheren Publikationen bereits den Begriff »Tante-Emma-4.0« verwendet: Der Service des persönlichen Betreuers aus der Vergangenheit wird in die Digitale Bank übertragen. Kunden wünschen sich unter anderem, dass Banken sie an fällige Rechnungen erinnern, passende Anlageprodukte empfehlen, Haushaltsausgaben transparent machen und auf Anforderung aktive Empfehlungen zur Liquiditätsstruktur liefern. Ist KI also auch ein Bankingservice, der Kundinnen und Kunden begleitet, wie einst Herr Kaiser von der Versicherung?

Technologien – und vor allen Dingen das passende »emotionale« Geschäftsmodell – sind in der Realität weit entfernt davon den Status der »Vision« zu verlassen. Im Wettlauf um Kostensenkungen hat der personalisierte Charakter von Finanzdienstleistungen in der Vergangenheit gelitten. KI ermöglicht Modelle, die eine »Hyper-Personalisierung« der Kundenbeziehungen möglich machen. Die Expertinnen und Experten halten daher den Impact für hoch. Wahrscheinlich eines der wesentlichen KI-Anwendungsfelder, wenn es darum geht, die digitale Zukunft des Private Banking neu zu definieren. Das benötigt vor allen Dingen Führung und Mindset. Die KI-Tools sind durchaus vorhanden.

### 9.2.7   (7) Credit Scoring

Die Kreditwürdigkeitsprüfung – engl. »Credit Scoring« ist traditionell eine Scorecard-Analyse zur Bestimmung der Kreditwürdigkeit, bei der u. a. Zahlungsverhalten, laufende Belastungen oder aktuelle Anfragen bewertet werden. Mit KI und maschinellem Lernen (ML) werden mehr Daten in die Bewertung einbezogen. KI macht das Modell nachweisbar präziser. Der Einsatz stößt allerdings auch an ethische Grenzen, die derzeit im EU AI Act vor einer EU-weiten Regulierung stehen – einem »Risk-Assessment« (vgl. Kapitel 9.4).

Jedes Modell zum Credit Scoring enthält inhärente Mängel, und es ist wichtig, den Schwerpunkt auf die Reduzierung von Modellfehlern zu legen. Die jüngsten Innovationen aus dem akademischen Bereich und die Verbesserung der Transparenz der genutzten Modelle lassen auf eine weitere Reifung dieses Anwendungsfalls schließen. In der Branche stößt die Verwendung von KI für die Modellierung von Scoringmodellen dennoch auf Skepsis. Es ist unklar, in welchem Umfang sie in den kommenden Jahren erlaubt sein werden. Verfolgen Sie die Entwicklungen. Seien Sie sich dabei immer bewusst, dass Ihre Modelle auditierbar sein werden müssen. Setzen Sie nicht auf »black boxes« wenn es um das Scoring der Kreditwürdigkeit Ihrer Kunden geht.

## 9.3   Sektor: Kundenservice und Vertrieb

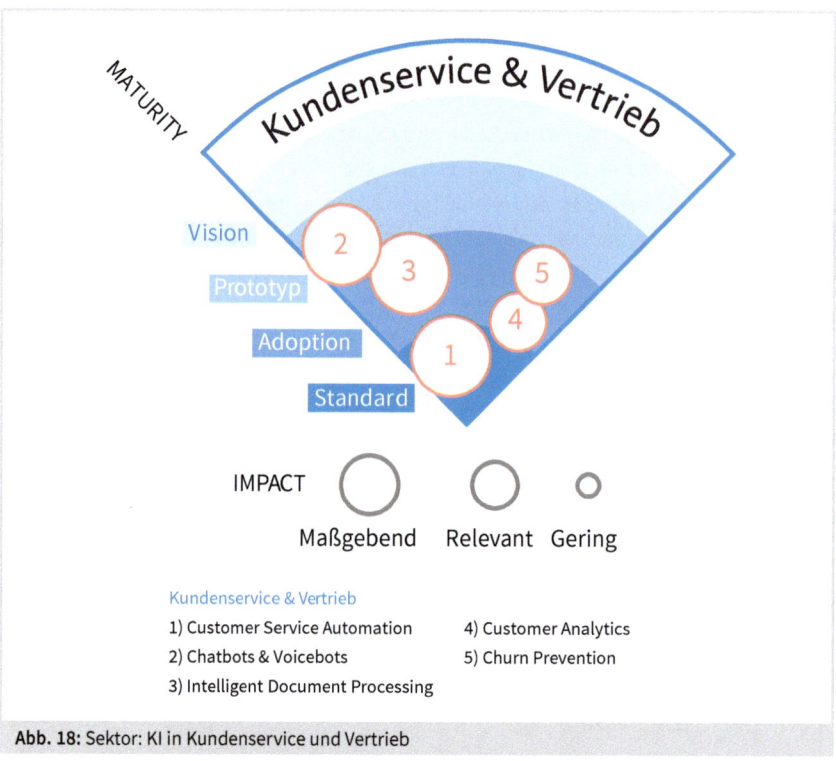

**Abb. 18:** Sektor: KI in Kundenservice und Vertrieb

Schon in Kapitel 4.6 haben wir den Wertbeitrag von KI zur Intelligenten Automatisierung von Abläufen und Konversationen in Kundenservice und Backoffice hervorgehoben. Die Erfassung und Prüfung von Darlehens- und Hypothekenanträgen in Banken erfolgt heute überwiegend manuell. Dabei können an der Schnittstelle zum Kunden relevante Wünsche mit Unterstützung von KI automatisiert erfasst und Geschäftsabläufe angestoßen werden. In diesem Sektor wurden folgende Anwendungsfelder mit den Expertinnen und Experten bewertet:

### 9.3.1   (1) Customer Service Automation

Die Abwicklung von alltäglichen, bisher manuell ausgeführten Serviceprozessen ist eines der zentralen Einsatzfelder für Intelligente Automatisierung und KI. Denn der Anteil von Routineaufgaben im Banking ist durchaus hoch. Stammdatenänderungen und Rückfragen zu laufenden Antragsverfahren z. B. lassen sich durch KI automatisieren. Die kundenzentrierte Abwicklung von wiederkehrenden Routineanfragen liegt im Trend. »Customer Centric« verbindet eine unmittelbar positive Customer Experience (durch die unmittelbare Abwicklung einer Serviceanfrage) mit dem Wunsch von Unternehmen nach einer Automatisierung und Kostensenkung.

Customer Service Automation ermöglicht die Automatisierung wiederkehrender Routine Aufgaben im Kundenservice. Absichten (Intents) und relevante Inhaltsdaten aus Nachrichten lösen automatisch Folgeprozesse im Unternehmen aus. Manche Banken erreichen bereits eine signifikante Rate der »Dunkelverarbeitung« von Konversationen und Anträgen – u. a. durch Mobile Selfservice-Strecken und automatische Dokumenterfassung. Hier werden sich Standardlösungen durchsetzen, die den Kommunikationsinhalt und das Prozessdesign verbinden. Banken und Finanzdienstleister sollten jetzt in neue Tools investieren oder entscheidende additive Verbesserungen durch KI anstreben.

### 9.3.2 (2) Conversational AI

Wenn KI entlang der Customer Journey verwendet wird, können Banken und Finanzdienstleister genau zum richtigen Zeitpunkt der »Reise«, genau am richtigen Touchpoint die Wünsche und Absichten des Kunden erkennen. KI-gestützte Dialogsysteme (Conversational AI) bieten ihren Nutzerinnen und Nutzern automatisierte, natürlichsprachliche Dialoge über Chatbots bzw. Sprachassistenten. KI kann neben Text und Sprache sogar Dialekte erkennen und zudem Emotionen und Absichten deuten. Allerdings wird es noch lange dauern, bis sprachbasierte Services eine Qualität erreichen, die zu einem nennenswerten Transfer von klassischen, telefonischen Serviceanfragen hin zu einer Automatisierung möglich werden lässt.

Die großen Chancen sehen die Expertinnen und Experten in der Abwicklung von einfachen Routineprozessen. Hier sollten dann allerdings die Erwartungen der Kundinnen und Kunden auch erfüllt werden, damit eine erfolgreiche Adaption gelingt. Tatsächlich ist die Qualität der Lösungen selten gut. Hochwertige Chatbots sind nur mit großem Aufwand zu trainieren und zu betreiben. Vielfach wird dieser Aufwand unterschätzt. Der Fokus sollte auf der Automatisierung von E-Mail und Dokument liegen. Die Fähigkeiten zur Intent Recognition (Worum geht es?) und Data Extraction (Wer genau schreibt?) lassen sich für spätere Präzisierungen im »Conversational Business« nutzen. Setzen sie den Fokus auf Prozessautomatisierung (Hyper Automation).

### 9.3.3   (3) Intelligent Document Processing (IDP)

Die intelligente Erfassung von Fachdaten aus Fließtexten (E-Mail) ist die notwendige Vorstufe zur vollständigen Automatisierung von Antragsprozessen – zum Beispiel bei Hypothekenanträgen oder Kautionsprozessen. Denn nur wenn relevante Kunden- und Vorgangsdaten im Kommunikationsinhalt identifiziert und automatisch erfasst werden können, ist eine automatisierte Vorgangsverarbeitung möglich. Intelligente Dokumentenverarbeitung (IDP – Intelligent Document Processing) konvertiert unstrukturierte Daten in verwertbare Informationen. Von daher besitzt die Fachdatenerfassung (Intelligent Data Capture) auf dem Weg in die vollständige Automatisierung eine entscheidende Rolle.

Die potenziellen Auswirkungen einer intelligenten Dokumentenverarbeitung ist bei papierlastigen Prozessen enorm. Das gilt im Besonderen für Kredit-/Forderungsbearbeitungen und Kontoeröffnungen. KI zur Automatisierung ist in diesen Anwendungsfällen weit fortgeschritten. Ein Investment rechnet sich in den meisten Fällen schnell.

### 9.3.4   (4) Customer Analytics

Nicht nur aus Sicht von Marketing und Produktentwicklung, sondern auch im Kontext von Customer Service Automation ermöglicht KI die Analyse von kundenspezifischen Daten, um situativ passende, individuelle Services anzubieten. Damit steigt die Kundenzufriedenheit und die Vertriebs- und Serviceaufwendungen sinken. KI kann entscheidende Hinweise zu NBO (Next best Offer) und NBA (Next Best Action) liefern. In einigen Jahren kann so die Wettbewerbsfähigkeit verbessert werden. Voraussetzung ist dabei immer, dass es eine ausreichende Menge von gut strukturierten Trainingsdaten gibt, die verwendet werden darf und die einen klaren und erkennbaren Rückschluss auf mögliche Vorlieben und Interessen zulässt. Mit anderen Worten: diese Technologie lässt sich vor allen Dingen für große Serviceorganisationen mit einem hohen Volumen an Kundendialogen anwenden. Für kleinere Unternehmen ist sie nur mit mit großem Aufwand adaptierbar.

Die Expertinnen und Experten empfehlen die Entwicklung zu beobachten. Insbesondere sollten KPI's festgelegt und verfolgt werden, um ausreichende Daten über mögliche Ursachen (Spezifische Kundeninformationen) und Auswirkungen (Verknüpfung dieser mit den Erfolgen von Angeboten und Kampagnen) zu sammeln.

### 9.3.5   (5) Churn Prevention

KI findet relevante Muster in historischen Daten und liefert daraus Erkenntnisse für die Bewertung der Gegenwart. So können Hinweise, die auf eine Kündigung hinauslaufen (Churn) erkannt, gesammelt und aggregiert werden, wie z. B. nachlassendes Engagement, Unzufriedenheit, Veränderung in der Kontakthäufigkeit. Speziell in Banken und Finanzdienstleistern ist der Impact durch KI hier aber eher als »moderat« zu betrachten. Anders als bei Versicherungen, Telekommunikations- und Energieversorgungsunternehmen spielt die Kündigerprävention – unabhängig vom Effekt der KI – eine untergeordnete Rolle. Empfehlung: marktreife Modelle adaptieren. Angesichts der Marktreife nicht zwangsläufig interne Ressourcen mit dem Anwendungsfall blockieren.

## 9.4   Sektor: Compliance und Risk-Management

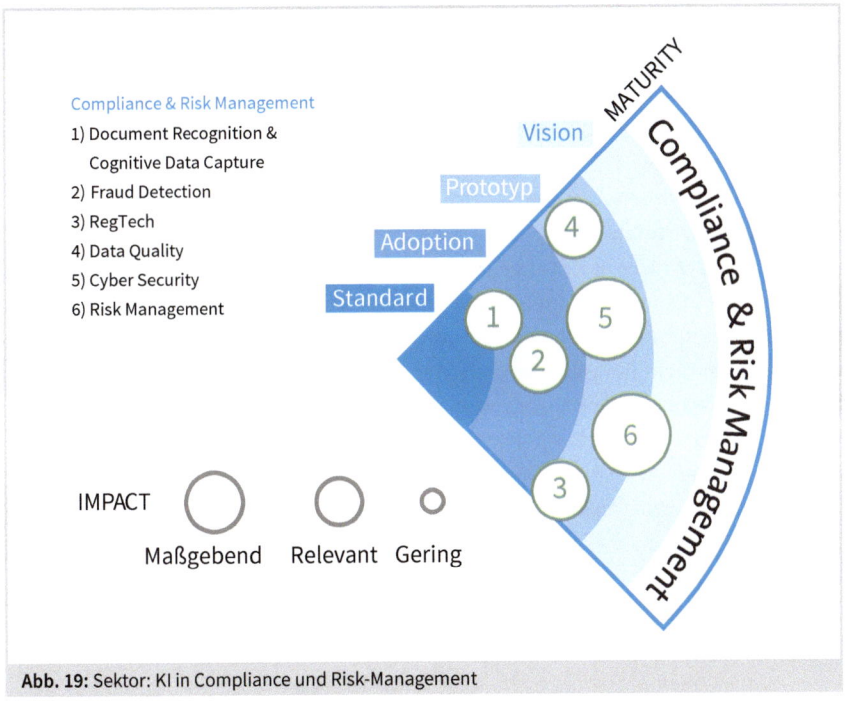

**Abb. 19:** Sektor: KI in Compliance und Risk-Management

Vorschriften, Standards, Gesetze aber auch Ergebnisse von Rechtsstreitigkeiten: Banken und Finanzdienstleister müssen relevante Daten und Zusammenhänge erkennen und verfolgen. Und Künstliche Intelligenz erkennt diesen Kontext. KI bietet enorme Chancen zur Verbesserung in Governance und Risk-Assessment. Große Mengen von Dokumenten und E-Mails können mit KI verarbeitet werden, mühsame und sich wiederholende manuelle Aufgaben im Risikomanagement entfallen. So können Banken schneller auf schlummernde Risiken reagieren. Folgende Anwendungsfelder haben wir mit den Experten bewertet:

### 9.4.1   (1) Document Recognition und Cognitive Data Capture

Nicht nur in Kundenservice und Backoffice, sondern auch bei der Identifikation von Risiken: KI ermöglicht Banken die automatische Erfassung von relevanten Inhalten und Zusammenhängen in Dokumenten und E-Mails. Das dient nicht nur der Kostensenkung. In Antrags- und Compliance-Prozessen können auch Vertragsrisiken erfasst und bewertet werden. Die KI-basierte Kategorisierung von Dokumentenarten (Document Recognition) und die Extraktion von relevanten Kunden- und Vorgangsdaten (Data Capture) lässt Rückschlüsse auf mögliche Kunden und Zusammenhänge zu. Investieren Sie in neue Technologien. Es gibt marktreife Lösungen aus Cloud und On-Premise.

### 9.4.2   (2) Fraud Detection

Betrugserkennung im Zahlungsverkehr, Geldwäsche, Transaktionen mit sanktionierten Ländern: mit Maschinellem Lernen (ML) können Transaktionen und Anträge nach hunderten von spezifischen Attributen untersucht werden, um ungewöhnliche »Aktivitäten« herauszufiltern. Gegenüber traditionellen, regelbasierten Systemen ist der KI-Ansatz nicht nur schneller, sondern immer auch präziser. Illegale Aktivitäten werden in einem frühen Stadium erkannt: u. a. ungewöhnliche Geldtransaktionen, Verbindungen zwischen Kontoeröffnungen und Kreditkartenanträgen. KI erkennt dabei nicht nur, ob Transaktionen womöglich durch unberechtigte Dritte initiiert sind, sondern trägt insbesondere dazu bei, dass False Positives (Fehlalarm) reduziert werden. Dennoch: Die vorhandenen Lösungen sind nicht ausgereift. Es fehlt die Prüfbarkeit und Transparenz hinsichtlich von Mustern, die algorithmisch erkannt worden sind. Außerdem ist es höchst aufwendig, ausreichende Lernmengen anhand historischer Betrugsversuche heranzuziehen. Beobachten Sie die Entwicklungen. Verfolgen und sammeln Sie reale Fälle. Erwarten Sie aber keine schnelle standardisierte Lösung.

### 9.4.3   (3) RegTech und Compliance (Meldewesen)

KI spielt in der Regulatorik eine wichtige Rolle für Banken. Denn Prozesse wie Due-Diligence-Prüfungen, Zahlungsverkehrsüberwachung und allgemein die Suche nach »Abweichungen« in Datenmanagement und Analysen können automatisiert werden. Technologien in der Regulatorik (RegTech) beschäftigen insbesondere bei international agierenden Finanzdienstleistern ganze Abteilungen. Im Hinblick auf Regulierung und Compliance zeigt sich das Einsatzgebiet in der Praxis der Banken noch wenig entwickelt. Es empfiehlt sich, die weitere Entwicklung zu beobachten und den Fokus auf die Zusammenführung der Datenquellen zu legen.

### 9.4.4   (4) Data Quality / Datenqualität (sync. Datenhaltung und -integration)

Grundlegende Daten – wie Kundenname, Kundentyp, Geschlecht, Adresse, Land, kundenspezifische Merkmale – werden mit KI-Anwendungen im Geschäftsprozess – aus E-Mails oder Dokumenten – erfasst und als Datensatz verwertet. ML erkennt zudem Unstimmigkeiten im Kundenprofil (abweichende Adressen, fehlende Angaben). Auf diese Weise werden Datenqualitätsprobleme gelöst. Ein aktives Datenqualitätsmanagement wird in jeder Phase des Data Life Cycles unterstützt. Bei aller Euphorie über das Potenzial von Daten und Analysen darf man nicht vergessen, dass die Qualität genauso wichtig ist wie die Quantität. Im Zeitalter von Big Data sollte eine angemessene »Data QM« ganz oben auf der Tagesordnung des Managements stehen. Viele Finanzinstitute sehen sich immer noch mit verschiedenen Problemen der Datenqualität in den Datensätzen ihrer gesamten Wertschöpfungskette konfrontiert. Data Governance wird zunehmend zu einem zentralen Thema. Hier sollten Ihre Bemühungen zunächst ansetzen.

### 9.4.5   (5) Cyber Security

Maschinelles Lernen (ML) ist passend definiert als »die Fähigkeit von Maschinen vom expliziten oder impliziten Verhalten des Menschen zu lernen, ohne dafür explizit programmiert zu werden«. Auch in der Cyber Security von Banken und Finanzdienstleistern werden ML-Modelle bereits als Grundlage für Vorhersagen verwendet. KI kann Banken darüber hinaus helfen, Bedrohungen besser zu analysieren und auf Angriffe und Sicherheitsvorfälle zu reagieren. Potenziell gefährliche Aktivitäten werden erkannt, bevor sie zu finanziellen oder regulatorischen Schäden führen. Analysten werden durch ML bei der Erkennung bösartiger Angriffe, der Analyse des Netzwerks und der Bewertung von Schwachstellen unterstützt. Der größte Nutzen liegt sicher in der Analyse potenzieller Bedrohungen. Allerdings: Die Entwicklungen befinden sich noch in einem frühen Stadium. Und ML ist im Sicherheitsbereich immer noch eine »Black Box«, in deren Funktion niemand wirklich Einblick findet. Die Expertinnen und Experten raten dazu, die Ergebnisse kritisch zu prüfen. Damit Ergebnisse später nützlich sind, sollten sie tatsächliche Sicherheitsfälle genau untersucht werden.

### 9.4.6   (6) Risk-Management

KI kann sowohl finanzielle, als auch nichtfinanzielle Daten und Zusammenhänge verwenden, um potenzielle Risiken (Kredit-, Markt-, Supply-Chain- und ökologische Risiken) zu erkennen und Maßnahmen zu ergreifen. Banken können auf diese Weise ihre Betriebs-, Regulierungs- und Compliance-Kosten senken und verlässliche Bewertungen von Risiken (u. a. im Kreditgeschäft) maschinell ermitteln. Außerdem: die neue Gesetzgebung (z. B. die GDPR in der Europäischen Union, ebenso wie FINRA, MiFID und EMIR) sehen empfindliche Strafen für den fehlerhaften Umgang mit personenbezogenen Daten vor. Zur Einhaltung müssen aber Verträge und Belege intelligent erfasst werden und bewertbar sein. Auch hier gilt: KI-Lösungen sind im Risk-Management von Banken strategisch wichtig genug, damit Sie sie aktiv verfolgen und bewerten sollten. Aus heutiger Sicht sind Vorhaben aber sehr institutsspezifisch und daher häufig nur mit eigenen Ressourcen umsetzbar. Standardisierte Lösungen fehlen.

KI ist nicht nur für Banken, sondern insbesondere für Versicherungen zu einer der Kerntechnologien des digitalen Wandels geworden. Die Herausforderungen beider Branchen ähneln sich – insbesondere was die Beziehungen zu ihren Kunden in einer digitalen Welt betrifft. Und doch gibt es spezifische Unterschiede die wir im folgenden Trendradar, dem Trendradar KI für Versicherungen, aufzeigen möchten.

# 10 Trendradar KI: Versicherungen

Durch den digitalen Wandel und den damit verbundenen Lifestyletrends der Verbraucher haben sich die traditionellen Vorstellungen des Versicherungsgeschäfts verändert. Neue Leistungssegmente und Produkte sind entstanden. Und auch wenn die meisten davon bislang lediglich in Nischen erfolgreich sind, so zeigt sich doch, dass Digitalisierung und KI den Markt bereits nachhaltig beeinflusst haben und weiter verändern werden.

Zahlreiche Insurtechs treten seit Mitte der 2010er-Jahre den Traditionsversicherern auf die Füße. Mit Kurzzeitversicherungen (Spot Insurance) und Telematiktarifen (Usage Driven Insurance) entwickeln sie neue Produkte, die durchaus »disruptiv« sind und nachgefragt werden. Insurtechs stellen als bewegliche »Schnellboote« den Kurs der großen »Versicherungstanker« vor neue Herausforderungen. Und die Geschäftsmodelle der Insurtechs basieren häufig auf modernen Apps und Anwendungen, die durch den Einsatz von KI besonders nützlich, komfortabel und zeitgemäß für die Kundinnen und Kunden erscheinen.

Die Herausforderungen sind für Versicherer nicht nur deshalb komplex, weil der Einfluss der KI auf die Zukunftsfähigkeit nicht zuverlässig vorhergesagt werden kann, sondern weil die Branche im Zuge der Digitalisierung vor einer Reihe weiterer Herausforderungen steht. Dazu gehören aus Sicht der befragten Expertinnen und Experten in erster Linie:

- **Mangel an Kompetenzen und Fachkräften:** Häufig stehen die für den Aufbau der IT-Infrastrukturen benötigten Fachkräfte im eigenen Unternehmen nicht (oder nur in zu geringem Umfang) zur Verfügung. Die benötigten Skills und Berufsfelder (Data Engineer / Data Scientist) müssen intern qualifiziert oder auf dem Markt eingekauft werden. Beides ist teuer – und braucht Zeit.
- **Fehlende Datenstrategie:** Häufig sind Datenmengen und -qualität im eigenen Unternehmen nicht ausreichend, um aussagekräftige Modelle, Produkte und personalisierte Services gegenüber den Kundinnen und Kunden zu generieren. Unser Eindruck aus den Gesprächen: Versicherer sitzen auf enormen Datenmengen und -quellen. Aber über den Kontext der Daten, deren Verwertbarkeit und ein konkretes Zielbild herrscht Uneinigkeit.

Über die potenziellen Wettbewerbsvorteile durch den Einsatz von KI herrscht gleichwohl Einigkeit in der Europäischen Versicherungsbranche. KI ermöglicht schnellere Prozesse durch Intelligente Automatisierung in Kundenservice und Schadenabwicklung. KI kann Produkte und Versicherungstarife entwickeln helfen, die individuell auf Kundinnen und Kunden und deren Lebenssituation zugeschnitten sind.

## INSURANCE

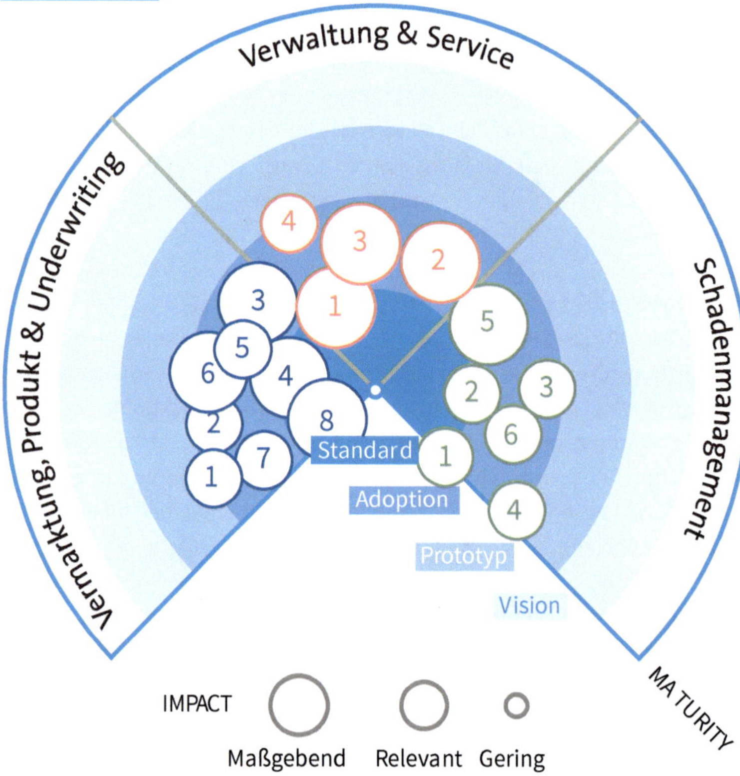


**Vermarktung, Produkt & Underwriting**

1) Behavioral Policy Pricing
2) Personalisation
3) Decisions Support for Underwriting
4) Customer Analytics
5) Robo Advisor (Customer centric Interface)
6) Identification of cross-selling potential
7) Minimizing questions during application process
(8) Churn Prevention

**Verwaltung & Service**

1) NBA & Recommendation for service agents
2) Baseline for Fraud Detection
3) Intelligent Document Processing
4) Downsizing of existing policies to prevent termination

**Schadenmanagement**

1) Real-time Q&A service
2) Coverage check and claim creation
3) Automated repair cost estimation
4) Claims Reserve
5) Fraud Detection
6) Fully automated assessment of damages

**Abb. 20:** Trendradar KI für Versicherungen

Während einige Versicherer bereits Kompetenzteams gebildet haben (Center of Competence) und übergreifende Shared Service Center realisieren, in denen gemeldete Schäden weitestgehend automatisiert abgewickelt werden, suchen andere immer noch nach den richtigen Anwendungsfällen. Best Practice-Beispiele für den Einsatz von KI finden sich derzeit insbesondere im asiatischen und nordamerikanischen Raum. Aber es gibt auch vielversprechende Umsetzungen deutscher Versicherer.

Das Trendradar KI für Versicherungen ermöglicht auch hier die frühzeitige Identifizierung der Innovationspotenziale. So kann eine strategische Fokussierung auf bestimmte Geschäftsfelder oder gar eine ganzheitliche Veränderung des bestehenden Geschäftsmodells deutlich früher angegangen werden. Im Fokus der Versicherer stehen neben der Automatisierung von Prozessen in Vertrieb, Kundenservice und Schadenregulierung aber auch mögliche Einsatzfelder bei der Personalisierung von Produkten.

Bei der Erstellung des Trendradars KI für Versicherungen haben wir daher mit den Expertinnen und Experten die Relevanz und technische Reife von insgesamt 18 KI-Anwendungsfeldern in folgenden **3 wesentlichen Sektoren** betrachtet:

> **Sektor 1: Trendradar der KI-Anwendungsfelder in Vermarktung, Produktmanagement und Underwriting**

> **Sektor 2: Trendradar der KI-Anwendungsfelder in Verwaltung und Kundenservice**

> **Sektor 3: Trendradar der KI-Anwendungsfelder im Schadenmanagement**

## 10.1 Unsere Empfehlungen

**1. Entwickeln Sie eine für Ihr Unternehmen geeignete Datenstrategie. Denn die Verfügbarkeit von Daten und die Qualität der Algorithmen werden in den kommenden Jahren zum vielleicht entscheidenden Differenzierungsfaktor für Versicherer.**

Die Expertinnen und Experten verbinden mit KI in erster Linie Lösungen auf Basis von Maschinellem Lernen (ML). Entlang der Wertschöpfungskette eines Versicherungsunternehmens finden sich zahlreiche Einsatzfelder: Schadenabwicklung, Verwaltung und Service (intelligente Automatisierung), bei der Personalisierung von Angeboten oder in der Betrugserkennung (Fraud Detection) – um nur einige zu nennen.

Häufig sind die benötigten technischen Infrastrukturen vorhanden. Aber die Daten stehen nicht in ausreichender Qualität oder Menge zur Verfügung. Oder es ist ungewiss, inwiefern sie aus gesetzlicher Perspektive verwendet und aggregiert werden können. Wenn wir uns das Trendradar für Versicherungen anschauen, wird deutlich, dass die meisten KI-Anwendungsfälle von der Verfügbarkeit und Qualität der Datenmodelle abhängen: im Zuge des Underwriting, bei der Betrugserkennung und bei der Personalisierung von Produkten auf Basis von Kundendaten. Viele aufwändig entwickelte Modelle liefern aber (noch) nicht die gewünschten Ergebnisse in der geforderten Qualität. Notwendige Anpassungen in den Bestandssystemen sind ein weiteres Hemmnis für einen »agilen« Umgang mit Datenquellen und Modellen.

Kooperationen mit Marktbegleitern sind eine strategische Option für diese Herausforderung. So können Pools mit anonymisierten Daten gemeinsam genutzt werden. Schon heute bieten Rückversicherer historische Geo- und Wetterinformationen an. Es ist denkbar (und zeichnet sich ab), dass insbesondere diese Organisationen Angebote entwickeln werden. Diese Pools können dann zur Verfeinerung der unternehmenseigenen, internen Modelle eingesetzt werden. Mögliche Sektoren für den Einsatz sind das Schadenmanagement, Betrugserkennung und die Personalisierung von Tarifen und Services.

**2. Beobachten Sie die Entwicklung von KI-Anwendungsfällen bei Shared Services. Das strategische Outsourcing von einzelnen Prozessen bis hin zur Auslagerung von Geschäftsbereichen wird relevanter.**

Auch bei der Entwicklung von KI-Anwendungsfeldern bieten sich Kooperationen zwischen Versicherern an. Die gemeinsame Nutzung von externen »Diensten zur Schadenserfassung und -abwicklung« ist für Sachversicherungen längst ein Thema. Auch kundenzentrierte Antragsstrecken oder virtuelle Schadensassistenten können gemeinsam entwickelt werden, zudem bietet sich die gemeinsame prototypische Entwicklung von Basistechnologien und modernen Arbeitsplätzen an. Sie kann dann von den Kooperationspartnern jeweils für den eigenen Gebrauch »individualisiert« werden.

Die Expertinnen und Experten raten dazu, die Transformation der Mitarbeitenden und Geschäftsmodelle sorgfältig zu begleiten. Ohne ausreichende Unterstützung des Managements, ohne kooperative Strukturen zwischen den Marktteilnehmenden und ohne eine Einbettung der Aktivitäten in die Gesamtstrategie des Unternehmens drohen alle für die Digitalisierung relevanten Vorhaben zu scheitern – und KI ist das vielleicht wichtigste Vorhaben, dem Versicherungen sich in den kommenden Jahren stellen werden müssen.

## 10.2   Sektor: Vermarktung, Produktmanagement und Underwriting

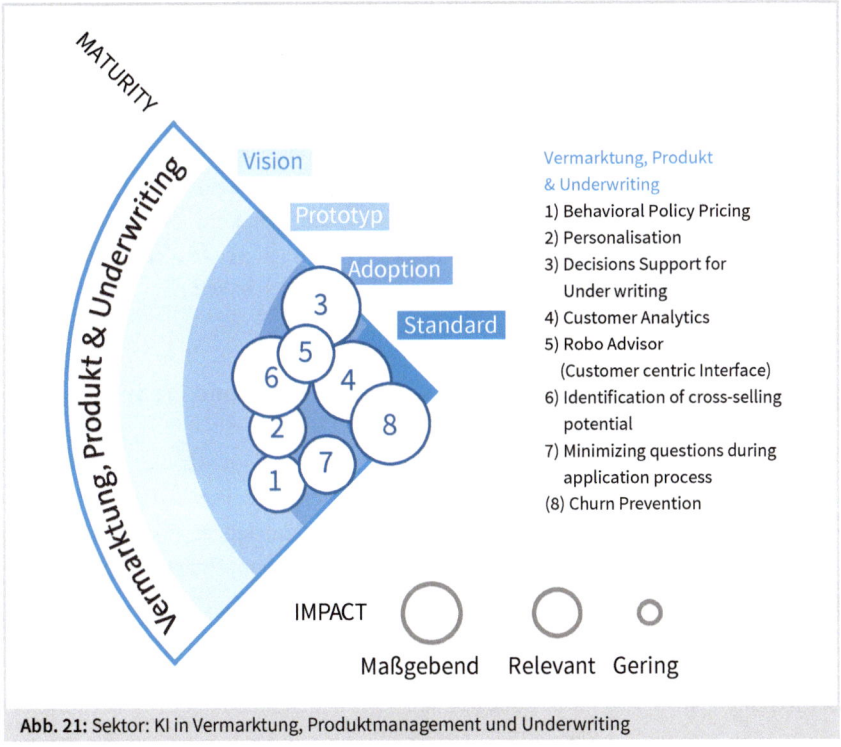

**Abb. 21:** Sektor: KI in Vermarktung, Produktmanagement und Underwriting

Welches Produkt passt für welchen Versicherten zu welchen Konditionen? Viele Entscheidungen können aus Daten generiert werden. Sie machen Angebote präziser und günstiger, sodass die Produktnutzung erhöht und die Vertriebs- und Serviceaufwendungen gesenkt werden können. Im Sektor »Vermarktung, Produktmanagement und Underwriting« haben wir folgende Anwendungsfelder mit den Expertinnen und Experten bewertet:

### 10.2.1   (1) Behavioral Policy Pricing I Telematics

Wenn Versicherer Fahrverhalten oder sportliche Aktivitäten über Sensoren »tracken«, können sie diese Daten als Grundlage für kundenindividuelle Tarife und Preise in der KFZ-Haftpflicht oder Krankenversicherung heranziehen: Schon seit vielen Jahren wird das Bepreisen von Versicherungsprodukten abhängig vom Verhalten des Versicherten in der Branche diskutiert. KI-Lösungen werden zu einem Enabler. Denn aus den erfassten Daten (Fahrverhalten, Bremsmanöver, sportliche Betätigungen u. a. m.) können Rückschlüsse auf potenzielle, individuelle Risiken gezogen werden. Im KFZ-Bereich gibt es insbesondere in UK und USA schon viele Versicherungsprodukte, bei denen das Fahrverhalten analysiert und rabattiert wird – wenn der Versicherungsnehmer ein vorsichtiges Fahrverhalten vorweisen kann.

Die Expertinnen und Experten sind sich hier einig: KI ist der Schlüssel für eine gezielte und effiziente Risikodifferenzierung. Gleichwohl sind diese verhaltensabhängigen Tarife noch Neuland. Das Votum hinsichtlich der Marktreife fällt zurückhaltend aus. Wir meinen: Telematics ist ein sicher nicht aufzuhaltender Trend, der die Versicherungsindustrie verändern wird. Es besteht keine Eile hinsichtlich der Adaption, aber dieser Trend ist in Verbindung mit Data Analytics und KI dennoch relevant.

### 10.2.2   (2) Personalisation I Individuelle Konditionen und Produkte

Versicherungen können durch den Einsatz von KI die Verhaltensdaten ihrer Versicherten kontinuierlich analysieren und bestmöglich einschätzen. Das bietet Versicherern die Chance, sich schrittweise zu einem Gesundheitsdienstleister zu entwickeln und neue, kundenzentrierte Geschäftsmodelle zu kreieren. Grundsätzlich gilt es dabei herauszufinden, inwieweit der Versicherte zur Minimierung des Schadensrisikos aktiv beiträgt.

Ebenso wie beim »Behavioral Policy Pricing« gilt aus Sicht der Expertinnen und Experten: Die Personalisierung von Tarifen und Produkten kann sich zu einem Erfolgsmodell entwickeln. Inwiefern es die Angebotslandschaft nachhaltig verändert, wird durchaus differenziert beurteilt.

### 10.2.3   (3) Decisions Support for Underwriting I AI-based text mining and image recognition

In großen Datenmengen kann KI relevante Muster erkennen. Im Prozess des Underwriting bietet diese Fähigkeit Chancen, die unser Expertenteam als »maßgeblich«

einstuft: Im Angebotsprozess hilft KI dabei, individuelle Risiken zu bewerten und potenzielle Ausschlüsse zu identifizieren. Durch die Verkürzung der individuellen Angebotsprüfung können Versicherer schneller Verträge abschließen, potenzielle Risikogeschäfte vermeiden und transparente »Ablehnungsgründe« liefern. Technisch umschließt dieses Gebiet sowohl das Text Mining, also auch die optische Erkennung potenzieller Risiken anhand von Bildern des zu versichernden Objekts. Ein Anwendungsfall mit großem Potential, das sich schnell entwickelt.

### 10.2.4    (4) Customer Analytics I Analyse von Kundendaten

Wie wir schon im Trendradar KI für Banking gesehen haben: Die Analyse verfügbarer Kundendaten (Customer Analytics) ist nicht nur die Basis für Marktregulatorik und Risk-Management, sondern die Chance für die Versicherer, zielgruppenspezifische und kundenindividuelle Produktangebote zu platzieren. Es geht also um weit mehr als um eine bloße Identitätsprüfung. Die Erfassung und Analyse relevanter Kundendaten erfordert maschinelle Analytik auf komplexen Datenmodellen, um Kundeninteraktionen mit personalisierten, segmentierten Daten zu gestalten und Bedürfnisse zu antizipieren. Die heute benötigte Größe und Präzision dieser Modelle kann lediglich durch Machine Learning (ML) und Deep Learning (DL) als Disziplinen der KI bedient werden. Die Förderung des Einsatzes von Customer Analytics über alle Organisationsbereiche hinweg gehört sicher zu den großen Herausforderungen, denen sich Versicherungen in Zukunft stellen müssen.

### 10.2.5    (5) Robo Advisor I Kundenzentrierte Conversationen

Im Trendradar KI für Banking haben wir bereits gesehen: Robo Advisor können Ihren Anwendern Zugang zu einer professionellen Vermögensverwaltung geben. Diese Eigenschaft wird auch die Versicherungswirtschaft nutzen, um Versicherten einen bestmöglichen Versicherungsschutz anzubieten – und zwar ohne den Umweg über Agenten oder Makler. Ein KI-Algorithmus kann zudem die die laufende Überwachung und Anpassung des Versicherungsportfolios übernehmen. Aus Sicht der Expertinnen und Experten ein relevantes Anwendungsfeld, das bereits greifbare Ergebnisse liefert und ebenfalls beobachtet werden sollte.

### 10.2.6    (6) Identification of cross-selling potential I Identifizieren von Verkaufspotentialen

Die Ermittlung des richtigen Angebots und Zeitpunkts, an dem die Abschlusswahrscheinlichkeit am größten ist, ist für Nutzung von Verkaufspotentialen von entscheidender Bedeutung. Während Kundendaten in einer analogen Welt schon immer der Schlüssel für eine individuelle Risikobewertung (und damit für eine Prämienberechnung) waren, erschließt KI nun weiteres Potenzial. Versicherer sollten die vorhandenen Daten nach Möglichkeit mit Daten von Vermarktungspartnern (Drittdaten/3rd party data) anreichern.

### 10.2.7   (7) Minimizing questions asked during application process by correlating answers

Im Antragsprozesses beantworten potenzielle Kundinnen und Kunden eine Vielzahl von Fragen. Vor allem Lebensversicherungen verunsichern mit zahlreichen Fragen zur individuellen Gesundheit die Antragstellenden. Rückfragen und Medienbrüche ziehen das Verfahren, das wenig kundenorientiert gestaltet ist, oftmals in die Länge. Mithilfe von KI können intelligente Skripte, Formulare und Entscheidungshilfen gestaltet werden, damit ein komfortabler Weg durch den Antragsprozess möglich ist.

### 10.2.8   (8) Churn Prevention I Kündigerprävention

Eine allseits bekannte Binsenweisheit besagt, dass die Gewinnung von Neukunden teurer ist als Pflege und Ausbau von Bestandskunden. KI kann eingesetzt werden, um Abwanderungstendenzen von Bestandskunden frühzeitig zu erkennen. Die Bereitschaft des Kunden einen bestehenden Versicherungsvertrag zu kündigen liegt entweder beim Kunden selbst (geänderte Lebensphase oder -situation), dem Versicherungsunternehmen (nicht mehr passende Produkte, schlechter Service oder schlechtes Preis-/Leistungsverhältnis) oder dem Wettbewerber (besser passende Produkte, besserer Service oder Preis-/Leistungsverhältnis). Die Expertinnen und Experten halten den Einsatz von KI im analytischen Kundenmanagement für technologisch ausgereift und maßgebend. Denn Stornowahrscheinlichkeiten werden mittlerweile bis auf Personenebene ermittelt.

## 10.3 Sektor: Verwaltung und Kundenservice

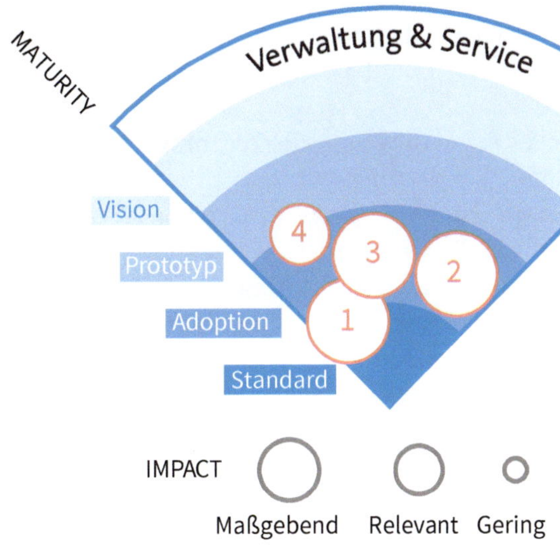


Verwaltung & Service

1) NBA & Recommendation for service agents
2) Baseline for Fraud Detection
3) Intelligent Document Processing
4) Downsizing of existing policies to prevent termination

**Abb. 22**: Sektor: KI in Verwaltung und Service

Was die Erfassung und Prüfung von Finanzierungen für die Banken ist, ist die Abwicklung von Schäden für die Versicherer: eine teure Angelegenheit. In Kundenservice und Backoffice schlummern große Effizienzpotenziale, die mit Intelligenter Automatisierung und KI gehoben werden. In diesem Sektor wurden folgende Anwendungsfelder mit den Expertinnen und Experten bewertet:

### 10.3.1 (1) Next best action and recommendation for service agents I kontextbezogene Vorschlagssysteme

Am besten läuft das Geschäft, wenn Kundenbeziehungen profitabel und Kundinnen und Kunden zufrieden sind. Daher nutzen Versicherungen seit jeher Analysemodelle für Kampagnen, die sowohl die Produktnutzung, als auch die Kundenzufriedenheit erhöhen. Für Expertinnen und Experten bietet KI in diesem Anwendungsfall maßgebliche Chancen, die Versicherungen nutzen sollten. Wie zufrieden ist unser Kunde? Für welche Angebote ist er oder sie zurzeit am ehesten offen? Zu welcher Tageszeit und über welche Form der Ansprache ist die Abschlusswahrscheinlichkeit am höchsten? KI unterstützt hier in vielfältiger Weise – z. B. mittels Sentiment-Analysen, um Untertöne in der Kommunikation zu erkennen, oder durch die Benennung der Potentiale auf Basis analysierter ähnlicher Kundensituationen.

### 10.3.2   (2) Baseline for Fraud Detection I Betrugsprävention

Die Schäden durch Betrugsversuche in der Versicherungsbranche gehen jährlich in die Milliarden. Betrugserkennung ist gerade in den Bereichen der Mengen- und Massenschäden ein wichtiges Instrument zur Schadensbegrenzung. Während traditionelle, regelbasierte Systeme und Maßnahmen an Grenzen stoßen, sehen die Expertinnen und Experten maßgebliche Vorteile durch den KI-Einsatz. Durch die Analyse erfolgreich identifizierten Betrugsverhaltens können aus Verdachtsmomenten Rückschlüsse gezogen und Wahrscheinlichkeiten abgeleitet werden. In der Praxis werden bereits Kombinationen aus klassischen Regelwerken und modernen KI-Modellen erfolgreich eingesetzt.

### 10.3.3   (3) Intelligent Document Recognition und Cognitive Data Capture in Vertrags- und Risikomanagement

Verträge sind die Grundlage aller Geschäftsbeziehungen und tragen für alle Vertragsparteien Risiken. Sie liegen in Form von Korrespondenzen häufig digitalisiert vor. Sie sind also »maschinenlesbar«, aber mit klassischen Methoden nicht inhaltlich nach Risikofaktoren zu bewerten. Die wirtschaftliche Bewertung des eigenen Portfolios wird damit erschwert, ebenso wie die Schadensfallbearbeitung. Gerade im Bereich der Dokumentverarbeitung (Document Recognition und Cognitive Data Capture) gibt es schon einige bewährte KI-Lösungen, mit denen wichtige Datenpunkte mit Textextraktion identifiziert und extrahiert werden.

### 10.3.4   (4) Downsizing of existing policies to prevent termination

Zur Vermeidung von Storno ist es oftmals schon ausreichend, den bestehenden Versicherungsvertrag zu optimieren. Auf »unnötige« Leistungsbestandteile wird beispielsweise bewusst verzichtet, um die Kosten der Versicherungsleistung gering zu halten und damit den Versicherungsnehmer zum Bleiben zu motivieren. KI leistet hier ähnlich wie bei Churn Prevention (Kündigerprävention) einen relevanten Beitrag.

## 10.4   Sektor: Schadenmanagement

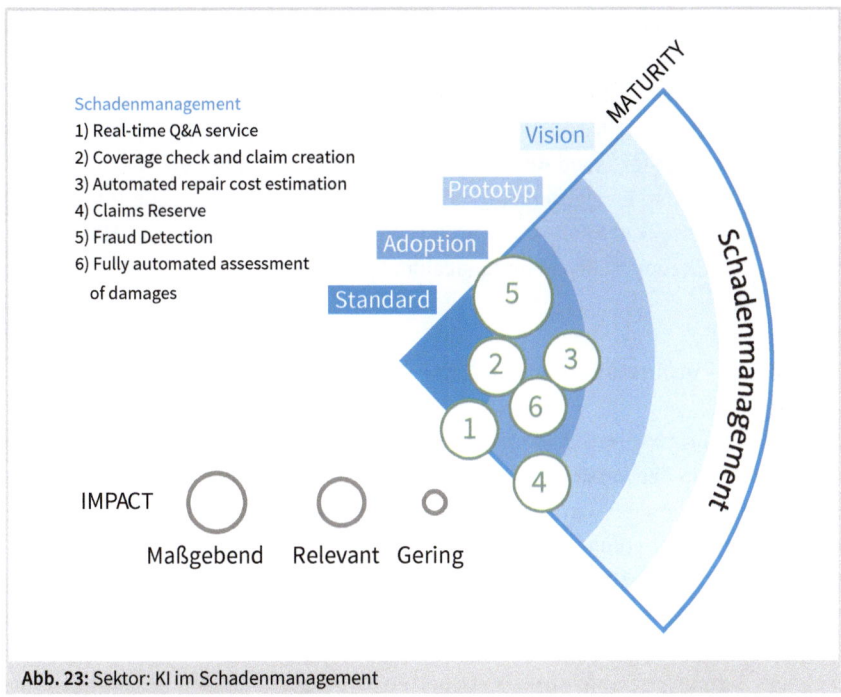

**Schadenmanagement**
1) Real-time Q&A service
2) Coverage check and claim creation
3) Automated repair cost estimation
4) Claims Reserve
5) Fraud Detection
6) Fully automated assessment
   of damages

**Abb. 23:** Sektor: KI im Schadenmanagement

Das Schadenmanagement einer Versicherung ist wahrscheinlich die bedeutendste operative Herausforderung: Der Schadenseintritt kostet viel Geld. Einerseits müssen Versicherer Ersatz leisten, andererseits müssen Schäden aufgenommen, geprüft und letztlich in aufwändiger Abstimmung mit Gutachtern und möglichen Service- oder Werkstattpartnern abgewickelt werden. Gleichzeitig sinken Prämiensummen, denn selbst für Haustiere und Smartphones gibt es heute Versicherungsprodukte, die vergleichsweise niederpreisig sind. KI ist in vielerlei Hinsicht für das Schadenmanagement relevant. Aus diesem Grund haben die Expertinnen und Experten hier einen separaten Sektor verortet, den wir ganz speziell aus Sicht der Versicherungen betrachten wollen:

### 10.4.1   (1) Real-time question-and-answer service for first notice of loss

Mit den richtigen Informationen können Schäden bedeutend schneller und kostengünstiger prozessiert und geregelt werden: Besteht nach Sachlage Anspruch auf eine Schadensregulierung? Wie hoch ist der zu erwartende Schaden? Lohnt die Einbeziehungen Dritter zur Bemessung der Schadenhöhe oder verbundener Services? KI wird in Dialogsystemen und Chatbots verwendet, um jeweils passend zum individuellen Fall die richtigen Fragen bei der Schadenaufnahme zu stellen und u. a. schon bei der Aufnahme des Schadens zu eruieren: Ist die Meldung vollständig oder soll der Geschädigte automatisch darauf hingewiesen werden, dass wichtige Daten und Informationen zum Fall fehlen? Sind alle Daten zum Ereignis und zum beschädigten Objekt strukturiert verfügbar? Mit KI kann nicht nur die Schadenaufnahme verbessert und komfortabel gestaltet, sondern auch weitestgehend automatisiert die relevanten Daten zu Objekt und Ereignis erkannt und verarbeitet werden. Insbesondere bei sog. »Kumul-Ereignissen« wie Flut- und Hagelschäden bietet der Einsatz von KI entscheidende Unterstützung im Schadenmanagement.

### 10.4.2   (2) Automated coverage check and claim creation

Die Deckungsprüfung im Schadensfall ist noch oft ein hochgradig manuell auszuführender Schritt in den Versicherungen. Aus den eingereichten Informationen des Versicherungsnehmers müssen versichertes Risiko und Ursache abgelesen und gegen vorhandene Versicherungsverträge abgeglichen werden, damit eine Deckungszusage erfolgen kann. Hierbei gilt es aber auch, Doppelanlagen zu vermeiden. Oftmals müssen noch weitere Datenquellen wie Wetterinformationen herangezogen werden, um eine finale Deckungsprüfung durchzuführen. Durch Klassifikatoren kann ein gemeldeter Schaden dem richtigen versicherten Risiko zugeordnet und damit der entsprechende Vertrag herangezogen werden. KI-Textanalysen können sowohl das versicherte Objekt als auch die Ursache aus der Schadenmeldung extrahieren.

### 10.4.3   (3) Automated repair cost estimation

Für die Ermittlung der Schadenhöhe werden in aller Regel Gutachten eingeholt. Das ist kostspielig und zeitaufwendig. Eine Abschätzung der Kosten auf Basis von wenigen Fragen und Fotos kann helfen, den Prozess zu beschleunigen und die Kosten zu senken. Das Kundenerlebnis wird verbessert, wenn der Kunde schon bei der Schadensaufnahme eine fiktive Abrechnung oder eine Reparaturfreigabe erhält. Die automatisierte Bildverarbeitung durch Deep Learning erkennt Kratzer, Dellen und Beulen an Autos oder feuchte Stellen auf dem Boden oder an Wänden von Häusern. Große Datenmengen mit Vergleichsschäden können zur Identifikation von vergleichbaren Mustern herangezogen werden und damit eine erste Kostenschätzung erfolgen.

### 10.4.4   (4) Automatische Rückstellungsbildung

KI verbessert die Effizienz von Krankenversicherern in vielerlei Hinsicht: Nicht nur eine Prognose der möglichen Therapie und der mit ihr verbundenen Kosten, sondern auch die voraussichtliche Krankendauer und eine automatisierte Rückstellungsbildung sind für die Vorgangskosten (und das Kundenerlebnis) von besonderer Bedeutung. Die Anwendungsmöglichkeiten von KI sind in diesem Feld bereits heute sehr vielfältig und reichen von Diagnoseverfahren über Prognosen von Krankheitsverläufen bis hin zu Therapievorschlägen. Voraussetzung dafür ist, wie bei allen hier genannten Anwendungsfällen, die Verfügbarkeit geeigneter Daten im Unternehmen – und natürlich eine im Unternehmen vorhandene Expertise bei der Anwendung der Modelle und Auswertung der Analysen.

### 10.4.5   (5) Fraud Detection I Betrugsprävention im Schadenfall

Wie wir bereits im Sektor Verwaltung und Kundenservice festgestellt haben: Betrug ist operativ in allen Versicherungssparten eine Herausforderung. Die Digitalisierung sorgt – von der Schaden- und Unfallversicherung über die private und gesetzliche Krankenversicherung bis hin zur Lebensversicherung – dafür, dass entlang des gesamten Schadenprozesses immer mehr Informationen in digitaler Form im Zugriff sind, die die effiziente Betrugserkennung »in naher Echtzeit« fundamental verbessern helfen. Durch die Anwendung neuer Methoden aus ML können Betrugsmuster erkannt und das Gelernte in der Analyse angewendet werden. Daraus ergeben sich Einsparpotenziale, die zugleich ein schnelleres und effizienteres Handling von Schadensfällen ermöglichen.

### 10.4.6   (6) Fully automated assessment of car damages based on AI for car claims settlement

KI ist in der Lage, anhand von Fotos Schäden zu erkennen und voraussichtliche Reparaturkosten in wenigen Sekunden zu ermitteln. Kennzeichen von Fahrzeugen oder Informationen zum Schadenort helfen bei der Ermittlung und Prüfung von Fahrzeugtyp, Wohngegend oder Wetterereignissen. Die Expertinnen und Experten sehen zudem entscheidende Chancen in der KI-Nutzung für die automatisierte Reparaturabwicklung – denn KI kann benötigte Teile und lokale Arbeitskosten ermitteln.

# 11 Trendradar KI: Gesundheit

Wenn es darum geht, Menschen zu heilen, dann greifen Ärzte seit Jahrhunderten auf empirische Daten zurück. Dabei werden bestimmte Fragen gestellt: Wie unterscheidet man die verschiedenen Krankheiten und wie erkennt man sie zuverlässig? Welche Therapie wirkt bei welchem Patienten bei welcher Krankheit am besten? Und wie sorge ich langfristig für die Gesundheit einer ganzen Gesellschaft? Schon früh haben Medizinerinnen und Mediziner daher begonnen, Daten über die Patienten und ihre Krankheiten zu sammeln und diese Daten mit den jeweils modernsten Methoden auszuwerten.

Folgerichtig hat auch die KI schon früh Anwender in der Medizin gefunden und genießt seitdem wachsendes Interesse bei den Fachleuten.

Für unseren **Trendradar KI Gesundheit** haben wir die Anwendungsfälle in **folgende Sektoren** aufgeteilt:

> **Sektor 1: Trendradar der KI-Anwendungsfelder in der Prävention (Prevention)**

> **Sektor 2: Trendradar der KI-Anwendungsfelder in Diagnose und Screening (Diagnosis and Screening).**

> **Sektor 3: Trendradar der KI-Anwendungsfelder in Therapie und Pflege (Therapy and Care).**

Im Sektor 1 (Prävention) sehen wir in erster Linie Anwendungsfälle, die die Entstehung von Krankheiten verhindern. Im Fokus stehen dabei die Umweltbedingungen (z. B. Schadstoffe in der Luft oder der Nahrung) sowie die Lebensführung (Treiben Sie genug Sport?). Besonders häufig auftretende sogenannte »Zivilisationskrankheiten« wie Typ2-Diabetes und koronare Herzerkrankungen lassen sich durch eine gesunde Lebensführung »präventiv« beeinflussen. KI hilft dabei, Daten, die im Prinzip gesunde Menschen über sich selbst sammeln, auszuwerten und sinnvolle Handlungsanweisungen für die Prävention von Krankheiten zu geben.

Im Sektor 2 (Diagnose und Screening) geht es uns um die möglichst frühzeitige Erkennung von Krankheiten, die einer Therapie bedürfen. Da viele Krankheiten, wie z. B. Krebsleiden, in der Frühphase keine Beschwerden verursachen, versucht man diese mit Vorsorgeuntersuchungen – sog. Screenings – zu erkennen. Spätestens wenn dann doch Beschwerden auftreten, wenden sich Patienten von selbst an Arzt oder Ärztin, und diese/r erstellt eine Diagnose. Dazu müssen i. d. R. viele Daten über den Patienten im Kontext ausgewertet werden und dabei kann KI helfen. Vor allem bei bildgebenden Verfahren erweist sich KI als hilfreich.

Im Sektor 3 geht es um Therapie & Pflege: Steht die Diagnose fest, muss eine Therapie selektiert und angepasst werden. Hier kann KI helfen, bei komplexen Krankheiten (u. a. Krebs) die am besten passende Therapie zu finden. Kann ein Patient die Therapie nicht selbst durchführen (z. B. durch Einnahme von Medikamenten), benötigt er oder sie pflegerische Unterstützung. Bei chronischen Leiden, die mit fortschreitendem Alter häufiger auftreten, ist oft eine Langzeitpflege notwendig. Hier kann KI z. B. das Monitoring von Vitalfunktionen und Pflegestatus übernehmen und Pflegepersonal bedarfsgerecht informieren. Schließlich ist manchmal auch eine komplizierte Operation notwendig, bei der KI zunächst die Planung und dann mittels Robotik den Arzt bei der Ausführung unterstützt.

### Weitere mögliche Sektoren

Neben diesen drei wichtigen Sektoren kann man auch Anwendungsfälle für KI im Bereich Forschung und Entwicklung (Research und Development) von Diagnosen und Therapien für Krankheiten und im Gesundheitsmanagement (Health-Management) finden. Diese Sektoren haben wir in diesem Trendradar nicht berücksichtigt, damit der Kreis der benötigten Expertinnen und Experten nicht zu groß wird. Dennoch hier eine kurze Erläuterung, welche Fälle man in diesen Sektoren finden könnte:

**Research und Development**: Die Forschung stellt immer neue Datenquellen zur Verfügung, mit denen das medizinische Wissen erweitert werden kann. Auch hier kann KI neue Wege aufzeigen, indem sie unbekannte Zusammenhänge erkennt und die Wirkweise von Therapien in personalisierten Simulationen vorhersagen kann. Damit eröffnen sich auch Möglichkeiten zur Entwicklung von personalisierter Medizin (z. B. in der Krebstherapie) und neuen digitalen Therapieformen (z. B. in der Demenztherapie).

**Health-Management**: Schließlich stellt auch das Gesundheitsmanagement die Protagonisten vor immer neue Herausforderungen. Wie kann man die Gesundheitsversorgung einer ganzen Gesellschaft in guter Qualität und zu bezahlbaren Kosten sicherstellen? Auch hier stehen große Datenmengen zu Verfügung, und KI wird bereits eingesetzt, um Abläufe zu optimieren und Verschwendung zu vermeiden.

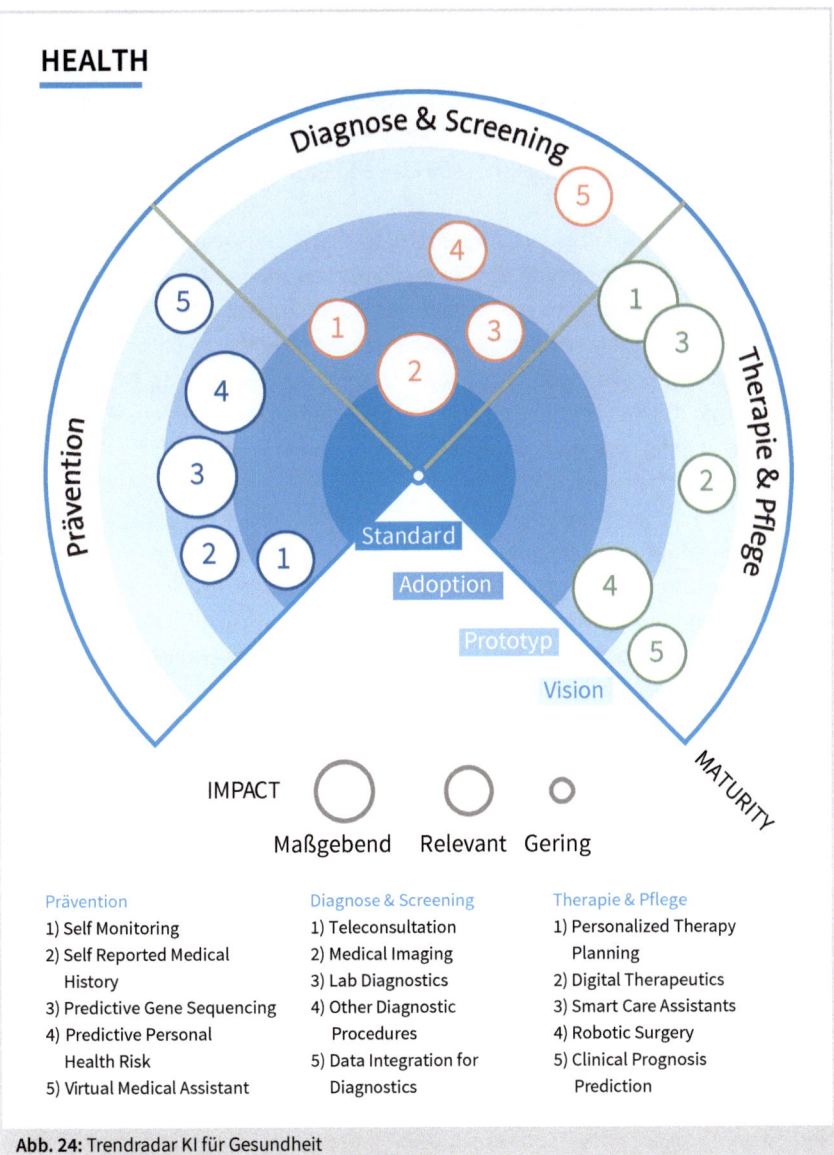

**Abb. 24:** Trendradar KI für Gesundheit

## 11.1   Unsere Empfehlungen

**(1) Investieren Sie in die Integration von medizinisch relevanten Daten. Sie ist die Grundlage für ein großes Spektrum an KI-Anwendungsfällen im Bereich Healthcare, die in den kommenden Jahren stark an Bedeutung gewinnen werden.**

Der Bereich der Gesundheitsversorgung (Healthcare) zeichnet sich heute dadurch aus, dass er reich an Daten und arm an Erkenntnis aus diesen Daten ist. Neue Monitoring- und Diagnoseinstrumente werden die Situation noch weiter verschlimmern. Die automatische Zusammenführung zumindest der verfügbaren Daten rund um den Patienten ist dringend notwendig. Ohne die Datenzusammenführung werden weitere Anwendungen der KI nicht möglich sein. Die Expertinnen und Experten waren sich in diesem Punkt einig und sehen darin aktuell den größten Verhinderer für die Nutzung von KI im Gesundheitswesen.

Die Zusammenführung aller Laborergebnisse eines Patienten über den gesamten Verlauf von Diagnose und Therapie ist ein erster wichtiger Schritt. Ähnlich wertstiftend ist die Zusammenführung im Bereich der bildgebenden Verfahren, und zwar unabhängig von den jeweiligen Modalitäten und Herstellern. Die dazu notwendigen Standards wie HL7 und FHIR existieren längst.

Sind Sie Hersteller von Medizinprodukten, investieren Sie in die Entwicklung offener Schnittstellen. Und wenn Sie Kliniken oder Praxen betreiben, dann fordern sie solche offenen Schnittstellen von den Herstellern, die ihnen damit die Aufgabe der Datenintegration wesentlich erleichtern.

**(2) Sorgen Sie für Personalisierung von Therapien für den individuellen Patienten und deren automatisiertes Monitoring, vor allem in ambulanten und häuslichen »Settings«.**

Das zweite wichtige KI-Anwendungsfeld der nahen Zukunft, das unsere Expertinnen und Experten identifiziert haben, ist die Nutzung der Patientendaten zur Personalisierung der Medizin. Wir wissen längst, dass Menschen höchst individuell sind und – dementsprechend – abweichend auf standardisierte Diagnosemethoden und auch Therapien reagieren. KI wird dabei helfen, diese Verfahren an den Menschen anzupassen und aus der Fülle der dadurch entstehenden Daten, die Wirkmuster zu erkennen, die zu effektiveren Therapien führen können. Damit wird nicht nur die Gesundheit der Bevölkerung generell verbessert, sondern es können auch erheblich Kosten eingespart werden, die heute durch suboptimale oder falsche Therapieentscheidungen entstehen.

## 11.2 Sektor: Prävention

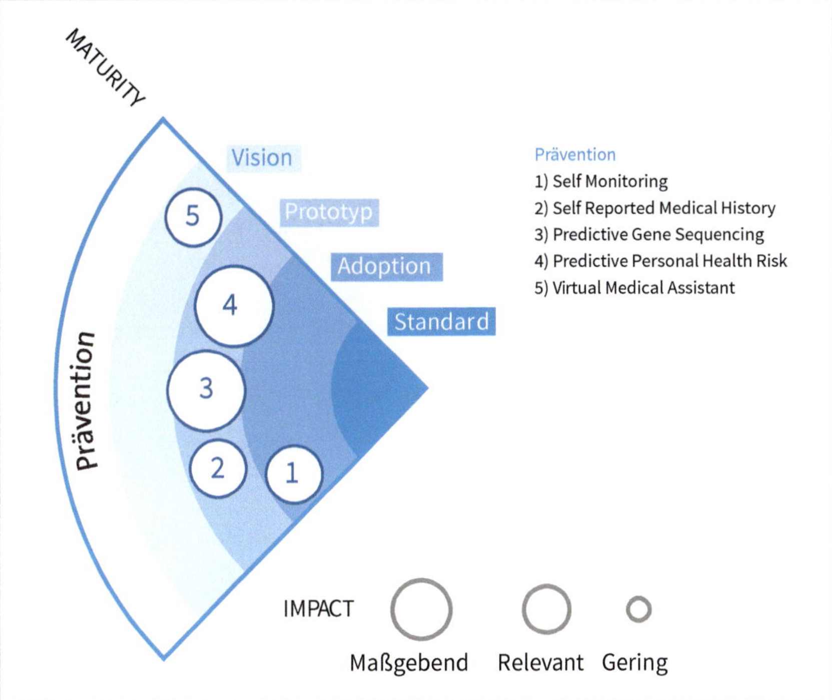
MATURITY
Vision
Prototyp
Adoption
Standard
Prävention
5
4
3
2
1
Prävention
1) Self Monitoring
2) Self Reported Medical History
3) Predictive Gene Sequencing
4) Predictive Personal Health Risk
5) Virtual Medical Assistant
IMPACT
Maßgebend
Relevant
Gering

**Abb. 25:** Sektor: KI in der Gesundheitlichen Prävention

Im Sektor der **Gesundheitlichen Prävention** haben wir uns mit den Expertinnen und Experten insgesamt fünf Anwendungsfälle angesehen, die wir im Folgenden vorstellen.

### 11.2.1 (1) Self monitoring (for personal health management)

Geräte wie Fitnessarmbänder, Personenwaagen, Blutdruckmessgeräte, Fieberthermometer usw. erlauben es Menschen schon heute, die unterschiedlichsten Vitalparameter zu erfassen. Dazu passende Apps analysieren und visualisieren diese Daten und machen Vorschläge für Verhaltensänderungen und liefern Hintergrundinformationen über Gesundheitsrisiken. KI hilft eingebettet in die Sensorik aus den rohen Sensordaten, die Vitalparameter und deren Kontext zu ermittelt (z. B. Unterscheidung von Schritten und Schwimmzügen aus den Rohdaten der Bewegungssensoren ihrer Fitnessuhr). Außerdem kann sie bei der Auswahl der geeigneten Interventions-Vorschläge helfen.

Die Experten sehen die **Maturity** aufgrund der vielen auf dem Markt verfügbaren Lifestyleprodukte bereits als **hoch** (Adoption) an. Allerdings erwarten sie auch, dass in Zukunft sehr viel mehr Sensoren für Endbenutzer verfügbar werden (z. B. Urinstatus in der Smart-Toilet), die aktuell noch **prototypisch** sind. Mit diesen neuen Verfahren wird die Anzahl der verfügbaren Vitaldaten stark ansteigen. Zusätzlich muss die Messgenauigkeit für medizinische Anwendungen (z. B. Bestimmung des Herzrisikos im Sport bei Vorerkrankung) steigen. Außerdem fehlt noch die integrierte und mehrdimensionale Auswertung der verschiedenen Parameter, die für eine effektive Prävention entscheidend ist. Damit wird KI für eine nutzerfreundliche Auswertung und Visualisierung und auch die Selektion der Intervention immer wichtiger.

Den **Impact** schätzen die Expertinnen und Experten als hochgradig **relevant** ein, da ein systematisches Selbstmonitoring erheblich zur Prävention von stark verbreiteten Krankheiten (z. B. Diabetes oder koronare Herzerkrankungen) beitragen kann und daher ein hohes Potenzial zur Kostendämpfung für die Gesundheitssysteme hat.

### 11.2.2   (2) Self reported medical history (and automated diagnostic tests)

Die Anamnese ist die systematische Befragung eines Patienten mit dem Ziel, aktuelle Beschwerden und die gesundheitliche Vorgeschichte zu erfassen. Sie ist der Startpunkt und gleichzeitig eines der wichtigsten Instrumente der Diagnostik. Die Anamnese bestimmt die weitergehende, vor allem apparative Diagnostik und ist damit entscheidend für die Wahl der Therapie. Gleichzeitig dauert ein Besuch beim Allgemeinmediziner heute in Deutschland im Durchschnitt weniger als 8 Minuten[1]. In dieser Zeit ist keine gründliche Anamnese möglich. Fehler in der Anamnese sind daher der Hauptgrund für fehlerhafte Diagnosen und erfolglose Therapien. Eine KI-unterstützte, standardisierte und validierte Selbstanamnese mit Hilfe einer App könnte hier eine signifikante Verbesserung bringen – darin waren sich die Expertinnen und Experten einig. Neben der Zeitersparnis beim Arztbesuch könnte die Erfassung von Symptomen auch zum Zeitpunkt des Auftretens erfolgen (wichtig z. B. bei temporären Ereignissen wie Vorhofflimmern bei Herzerkrankungen oder der transienten ischämischen Attacke (TIA) bei Schlaganfall) und durch weitere automatisierte Diagnostik ergänzt werden (z. B. EKG mit Erkennung von Vorhofflimmern mittels KI am Blutdruckmessgerät oder an der Smartwatch).

---

1   In Schweden sind es übrigens mehr als 22 Minuten: Vgl. Nier, Hedda: So lang dauert ein Arztbesuch weltweit, in: Statista Infografiken, 12.12.2017, https://de.statista.com/infografik/12220/durchschnittliche-dauer-einer-aerztlichen-untersuchung-weltweit/#:%7E:text=Knapp%20acht%20Minuten%20%E2%80%93%20so%20lange,im%20besten%20Fall%20Platz%20finden (abgerufen am 05.06.2022)..

Da immer mehr diagnostische Verfahren für Laien verfügbar werden (z. B. Sprachaufnahme zur Früherkennung von Covid-19 oder Parkinson[2] oder Hautcheck mit Smartphone[3]) könne diese Informationen ebenfalls in die Diagnostik einfließen und diese wesentlich verbessern. Da sich dadurch ein echter Gamechanger in der Diagnostik ergibt, schätzen die Expertinnen und Experten den **Impact** daher als **relevant** ein.

Die **Maturity** wird von den Roundtable-Teilnehmenden zurzeit noch als **prototypisch** eingeschätzt. Erste Studien für bestimmte Krankheitsbilder wurden durchgeführt, erste Start-ups sind mit zu diesen Themen unterwegs. Die meisten dieser Anwendungen sind aber noch nicht am Markt verfügbar. Außerdem sehen die Expertinnen und Experten bei der Qualitätssicherung der KI-Modelle auch im Rahmen der Regulierung von Medizinprodukten noch Nachholbedarf.

### 11.2.3   (3) Predictive Gene Sequencing (to predict health risk)

Die Genomanalyse setzt die individuelle Gensequenz des Patienten als diagnostisches Instrument ein. Sie macht vor allem Aussagen zu den Zusammenhängen zwischen Genvarianten und bestimmten Krankheiten (z. B. BRCA1- und BRCA2-Varianten im Zusammenhang mit Brustkrebs) und kann daher für die Prävention ein wichtiges Instrument sein. Die Expertinnen und Experten beobachten hier jedoch auch die Gefahr der Fehlinterpretation aufgrund von mangelnder Erfahrung im Umgang mit statistischen Aussagen – sowohl bei Patienten als auch der Ärzteschaft. Daher sollte die Genomanalyse immer nur im Zusammenhang mit weiteren diagnostischen Daten genutzt werden.

Neben dem Genom gewinnen das Transkriptom (Abschriften der aktiven Gene meist in Form von mRNA) und das Proteom[4] (die Proteine und ihre Varianten, die aus den Informationen der mRNA produziert werden) immer mehr an diagnostischer Bedeutung. Damit lässt sich ein extrem detailliertes Bild der Stoffwechselaktivität im Körper erstellen, was wiederum z. B. zur Erkennung von Krebszellen genutzt werden kann, lange bevor andere Verfahren diese entdecken können[5]. Die dabei anfallende Datenmenge ist jedoch erheblich, zumal die Daten sehr komplex sind.[6] Daher setzen Geneti-

---

2   Vgl. Health AI: in: audEERING, 05.05.2022, https://www.audeering.com/de/technology/health-ai/ (abgerufen am 05.06.2022).

3   Vgl. Online-Hautcheck: in: Die Techniker, 25.06.2021, https://www.tk.de/techniker/magazin/digitale-gesundheit/online-hautcheck-2094806?tkcm=aaus (abgerufen am 05.06.2022).

4   Vgl. Rösch, Harald: Vom Genom zum Interaktom, in: Max-Planck-Gesellschaft, 25.08.2014, https://www.mpg.de/6351866/genom_interaktom (abgerufen am 05.06.2022).

5   Vgl. Roche | What is a liquid biopsy? in: Roche, o. D., https://www.roche.com/stories/liquid-biopsy-in-oncology (abgerufen am 05.06.2022).

6   bis zu 40 Exabyte in den nächsten 10 Jahren: Vgl. Artificial Intelligence, Machine Learning and Genomics: in: National Human Genome Research Institute, 12.01.2022, https://www.genome.gov/about-genomics/educational-resources/fact-sheets/artificial-intelligence-machine-learning-and-genomics (abgerufen am 05.06.2022).

ker heute immer häufiger KI für die Interpretation der Ergebnisse ein, damit diese von Ärzten in der Diagnostik korrekt verwendet werden können.

Aufgrund dieser bahnbrechenden Möglichkeiten in der Diagnostik schätzen die Experten den Impact dieses Anwendungsfalls auch als **relevant** bis **maßgebend** ein.

Die **Maturity** ist dagegen noch auf dem Stand von **Prototypen**. Vor allem die oben erwähnten methodischen Probleme bei der Verdichtung der Ergebnisse zu diagnostisch wertvollen Aussagen sind hier noch zu lösen. Außerdem steht das Forschungsfeld in Bezug auf die Breite der medizinischen Anwendung noch ganz am Anfang. KI wir eine entscheidende Rolle bei der Interpretation der riesigen Datenmengen spielen.

### 11.2.4  (4) Predictive personal health risk (from medical records)

Die zunehmende Verfügbarkeit von elektronischen Patientenakten ermöglicht die Auswertung der Daten zur Vorhersage von Gesundheitsrisiken wie Diabetes oder Herzkrankheiten. Je mehr Daten verfügbar werden, desto genauer ist die Auswertung und desto mehr Krankheitsbilder, auch eher seltene, können abgebildet werden. Auch hier sind Menge und Komplexität der Daten erheblich und Forscherinnen und Forscher müssen auf KI zurückgreifen, um aus dem Datenschutz nutzbare Erkenntnisse zu extrahieren.

Schon heute werden vor allem Daten in Kliniken ausgewertet, um die Kurz- und Mittelfristprognose von hospitalisierten Patienten zu verbessern – und damit auch die Wirtschaftlichkeit der Einrichtung zu erhöhen. Daher halten die Expertinnen und Experten den **Impact** dieses Anwendungsfalls für **relevant**.

Bei der **Maturity** sind auch hier die meisten Verfahren noch im Status **Prototyp** oder bestenfalls in der regelmäßigen Anwendung in einzelnen Kliniken. Vor allem in Deutschland ist dafür auch die – im Gegensatz zu fast allen anderen Europäischen Ländern – immer noch fehlende elektronische Patientenakte verantwortlich.

### 11.2.5  (5) Virtual Medical Assistant

Ein Virtual Medical Assistant könnte mit Hilfe von KI alle verfügbaren aktuellen und historischen Gesundheitsdaten eines Menschen in Echtzeit überwachen und interpretieren. Die Analyse unter jeweils neuesten medizinischen Erkenntnissen könnte dabei helfen, eine Vielzahl von Erkrankungen bereits in ihrer Entstehung zu erkennen, lange bevor die ersten Symptome auftreten. Einfache Interventionen, die Risiken wie Diabetes, Arthrose oder kardiovaskulären Erkrankungen entgegenwirken, könnten von der KI selbständig gesteuert werden. Bei Bedarf könnte der virtuelle Assistent einen

Spezialisten hinzuziehen und weitere Diagnosen durchführen lassen. Auf diese Weise könnte eine hochwertige und flächendeckende Gesundheitsvorsorge zu erheblich niedrigeren Kosten als heute hergestellt werden[7].

Die Expertinnen und Experten schätzen den **Impact** dieses Anwendungsfalls als **relevant** bis **maßgebend** ein. Die **Maturity** ist aber noch in Status der **Vision**. Hier werden zunächst viele der in den anderen Anwendungsfällen genannten Verfahren einen höheren Reifegrad erreichen müssen, bevor man das ehrgeizige Projekt eines umfassenden Virtual Medical Assistant sinnvoll angehen kann.

## 11.3 Sektor: Diagnose und Screening

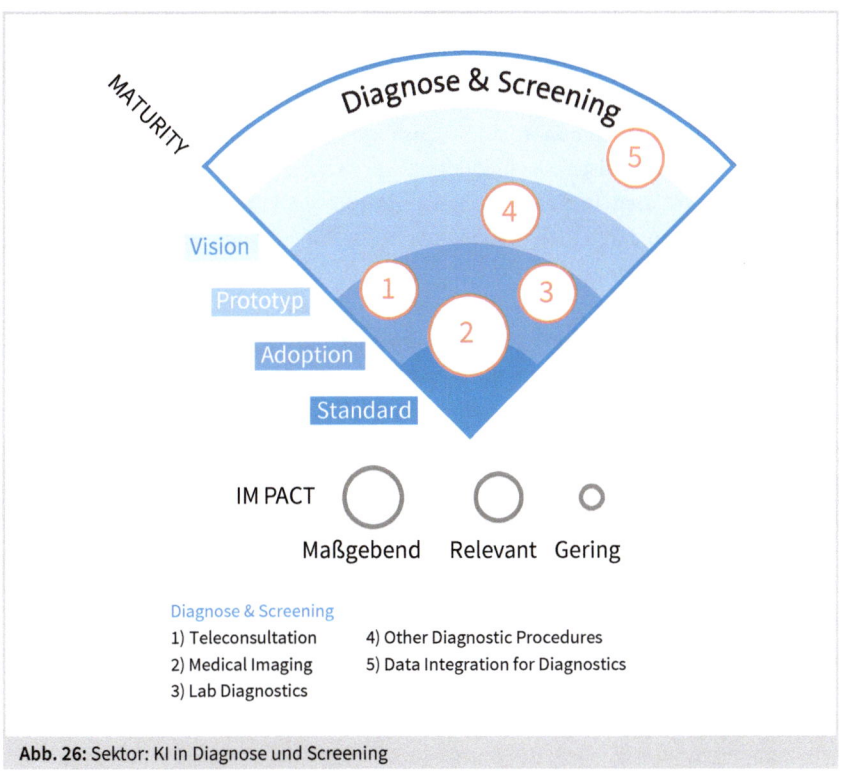

**Abb. 26:** Sektor: KI in Diagnose und Screening

---

7    Vgl. Topol, Eric: Deep Medicine: How Artificial Intelligence Can Make Healthcare Human Again, 1. Aufl., New York, USA: Basic Books, 2019.

Den fünf KI-Anwendungsfälle, die wir im Sektor **Diagnose und Screening** untersucht haben, bescheinigen die Expertinnen und Experten ebenfalls einen **hohen Impact**, aber einen im Durchschnitt **höheren Reifegrad** (Maturity) als dem Sektor der Prävention. Schauen wir uns die Ergebnisse im Einzelnen an:

### 11.3.1   (1) Teleconsultation (Enhanced Teleconsultation)

Wenn der Patient Arzt oder Ärztin via Videokonferenz konsultiert, dann spricht man von Telekonsultationen. Die Anzahl der Telekonsultationen ist während der Corona-Pandemie besonders deutlich angewachsen. Es stellte sich jedoch heraus, dass eine reine Audio-/Videoverbindung nur für einen kleinen Teil der Fälle eine abschließende Diagnose zulässt und der Patient danach doch zu Ärztin / Arzt gehen muss. Eine Verbesserung der Situation bringt hier die **erweiterte Telekonsultation** (Enhanced Teleconsultation). Dazu werden medizinische Geräte, sogenannte MedKits, von Patienten oder ihren Pflegenden genutzt, um Vitalwerte während der Telekonsultation zu übertragen (z. B. Blutdruck, Temperatur, EKG). KI kann den Anwendern helfen, diese Med-Kits auch ohne medizinische Ausbildung korrekt einzusetzen und anschließend die Werte zu interpretieren. In diesem Kontext hilft auch im Vorfeld mittels der »automatisierten Anamnese durch Laien« (siehe oben) zur Konsultation Befunde zu erheben und digital zu übertragen.

Die Expertinnen und Experten halten den **Impact** der erweiterten Telekonsultationen für **relevant**, da sich hiermit erheblich Kosten einsparen und Versorgungsengpässe (z. B. in ländlichen Regionen) abdecken lassen. Nicht zuletzt trägt der Anwendungsfall auch in Krisensituationen (z. B. einer Pandemie) zur Aufrechterhaltung der grundlegenden Gesundheitsversorgung bei. Die **Maturity** wird mit dem Status **Prototyp** auf dem Weg zur **Adoption** eingeschätzt, da es bereits erste Produkte im Markt gibt[8], die aber noch nicht verbreitet sind.

### 11.3.2   (2) Medical Imaging

Medizinische Bildgebung in all ihren Formen (Röntgen, CT, MRT, PET, Ultraschall) ist seit vielen Jahrzehnten eines der aussagekräftigsten diagnostischen Verfahren, das die Medizin kennt. KI kann dieses Verfahren in vielen Bereichen unterstützen: Zunächst kann sie bei der Erstellung der Bilder unterstützen. So kann auch wenig erfahrenes Personal qualitativ hochwertige Aufnahmen erstellen. Weiterhin kann KI durch

---

8   Vgl. MedKitDoc – Die Zukunft der Fernbehandlung: in: MedkitDoc, 24.02.2022, https://medkitdoc.de/ (abgerufen am 05.06.2022).

intelligente Bildverbesserung dabei helfen, die Scanzeiten und Strahlungsdosen zu verringern. Schließlich kann sie bei der Befundung der Bilder unterstützen. Automatisierte Detektion von Läsionen hilft Radiologen z. B. dabei nur schwach ausgeprägte Strukturen und Nebenbefunde nicht zu übersehen. Außerdem kann sie im Screening (u. a. von Mammographien) die Erkennungsrate verbessern. Die Radiologie ist aber nicht das einzige Anwendungsgebiet. Alle diagnostischen Verfahren, bei denen Bilder entstehen (u. a. Koloskopie, Dermatoskopie und diverse Augenuntersuchungen) können von der KI profitieren. Neuartige Modalitäten wie near-infrared laser ultrasound neuro imaging[9] werden durch **KI-basierte Bildrekonstruktion** überhaupt erst möglich. Dadurch werden immer bessere, frühere, schnellere und kostengünstigere Diagnosen möglich.

Daher sind sich die Expertinnen und Experten einig, dass der **Impact** in der Medizin **relevant** ist. Gleichzeitig ist hier die **Maturity** von allen betrachteten Anwendungsfällen wegen der bereits hohen Verbreitung **am höchsten.**

### 11.3.3 (3) Lab diagnostics

Die moderne Labordiagnostik ist heute bereits stark automatisiert. Bei der Analyse kommen KI-unterstützte Roboter zum Einsatz. Daneben sind viele Diagnoseverfahren längst »optisch« und nutzen Bildverarbeitung, die mit KI unterstützt wird. Vor allem bei der Bildverarbeitung in der Pathologie hat KI sich längst verbreitet.

Bei der Zusammenführung der einzelnen Werte aus den verschiedenen Untersuchungen und deren gemeinsamer Beurteilung im Kontext einer Diagnose oder Therapie gibt es allerdings noch große Verbesserungspotenziale. Aktuell werden Einzelwerte nur gegen Normwerte verglichen, die weder in den Kontext weiterer Werte gestellt werden noch die individuelle Krankengeschichte des Patienten beachten. Hier könnte KI dabei helfen, Werte sowohl für Ärzte als auch Patienten nachvollziehbar zu interpretieren (Stichwort: Explainable AI).

Daher sind sich die Expertinnen und Experten auch einig, dass der **Impact maßgebend** sein wird. Die **Maturity** wird dagegen in der technischen Auswertung bereits fast auf **Standard** beurteilt, während die integrierte Analyse und Interpretation von Laborwerten noch eher im Stadium **Prototyp** ist.

---

9   Vgl. Neural Diagnostics | OPENWATER | San Francisco: in: OPENWATER, o. D., https://www.openwater.cc/ (abgerufen am 05.06.2022).

### 11.3.4   (4) Other Diagnostic Procedures

KI kann auch die Auswertung anderer diagnostischer Verfahren wie z. B. EKG unterstützen. Außerdem können mittels KI bisher noch selten verwendete Signale wie z. B. Sprache für Atemwegserkrankungen[10], Parkinson oder Depression und Seismographische oder optische Verfahren für Puls, EKG und Atemfrequenz ausgewertet werden. Viele dieser Methoden können auch in tragbare Sensorik (sogenannte »Wearables«) integriert werden und damit eröffnen sich ganz neue Methoden der Überwachung von Krankheitsverläufen oder der Früherkennung.

Hier waren sich die Expertinnen und Experten über den **maßgebenden Impact** ebenfalls einig. Allerdings sehen sie die **Maturity** der Anwendungen noch im Status **Prototyp.**

### 11.3.5   (5) Data Integration for Diagnostics

Alle bisher betrachteten Anwendungsfälle haben eines gemeinsam: Sie generieren – zusätzlich zu den bisher schon standardmäßig genutzten Messwerten – eine riesige Menge an neuen Datenpunkten, die für eine Diagnose zur Verfügung stehen. Daher wird die Integration dieser Datenpunkte und ihre Verwendung in komplexen, multifaktoriellen Analysen eine entscheidende Rolle bei der Verbesserung der Diagnosequalität spielen. Hier muss KI zwangsläufig zum Einsatz kommen, da sie Ärztinnen und Ärzten sowie Patienten dabei helfen kann, Muster und Zusammenhänge in der Vielzahl der Messwerte zu erkennen und daraus die richtigen Schlüsse für eine Therapie zu ziehen.

Daher schätzen die Experten den **Impact** – in diesem von allen Anwendungsfällen dieses Sektors – **am höchsten** ein, auch wenn die **Maturity** noch zwischen **Vision** und **Prototyp** steht.

---

10   Vgl. Health AI: in: audEERING, 05.05.2022, https://www.audeering.com/de/technology/health-ai/ (abgerufen am 05.06.2022).

## 11.4   Sektor: Therapie und Pflege

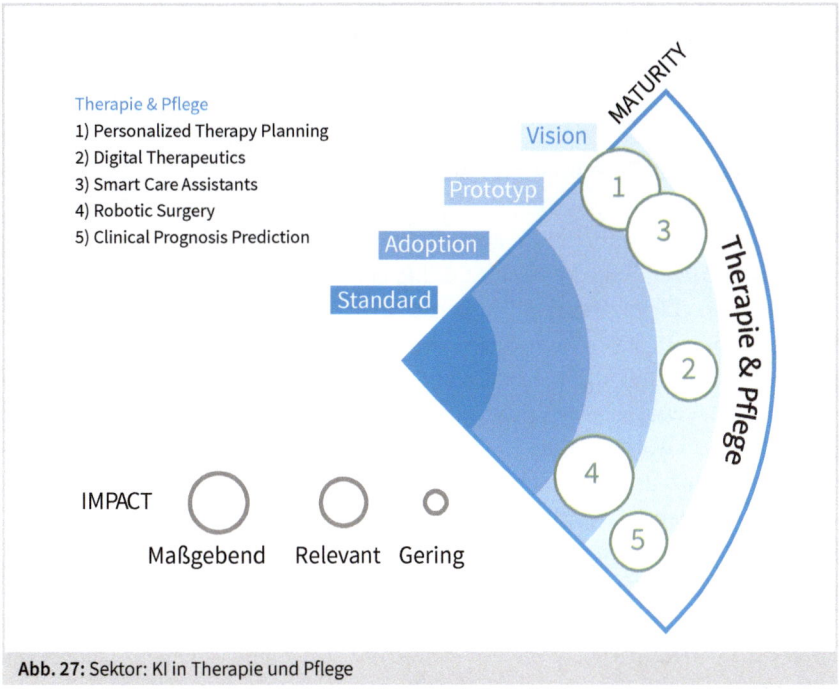

Therapie & Pflege
1) Personalized Therapy Planning
2) Digital Therapeutics
3) Smart Care Assistants
4) Robotic Surgery
5) Clinical Prognosis Prediction

MATURITY

Vision

Prototyp

Adoption

Standard

Therapie & Pflege

IMPACT

Maßgebend   Relevant   Gering

**Abb. 27:** Sektor: KI in Therapie und Pflege

Im dritten Sektor **Therapie und Pflege** betrachten wir KI-Anwendungsfelder, die bei der Heilung von Krankheiten eine entscheidende Rolle spielen. Auch hier wird die technologische Reife (Maturity) durch die Fachleute noch eher niedrig eingeschätzt. Aber es eröffnen sich in ihren Augen große Chancen mit KI. Die Anwendungsfälle im Einzelnen:

### 11.4.1   (1) Personalized Therapy Planning

Vor allem bei Krankheiten, die chirurgische Eingriffe oder komplexe medikamentöse Therapien benötigen, ist die Anpassung der Therapie an den individuellen Patienten ein wichtiger Erfolgsfaktor. Auch in einer Nachsorge, in der langwierige physiotherapeutische Interventionen oder eine Änderung der Lebensweise erforderlich sind, spielt die individuelle Planung eine entscheidende Rolle für den Langzeiterfolg der Maßnahmen. KI kann u. a. dabei helfen, die passenden Therapieschritte aus einer großen Menge möglicher Optionen auszuwählen. Auch in der Physiotherapie oder Psychotherapie, in der es eine sehr große Zahl von möglichen Interventionen gibt, könnten KI-unterstützte Apps Therapeuten bei der Planung einer personalisierten

Therapie unterstützen. Vor allem können sie aber beim Monitoring und möglicherweise notwendigen Anpassungen der Therapie unterstützen.

Unsere Expertinnen und Experten schätzen die **Maturity** dieser Anwendungsfälle als noch **prototypisch** ein, wobei der **Impact** als durchaus relevant gesehen wird.

### 11.4.2    (2) Digital Therapeutics

Besteht die Therapie vollständig aus der Nutzung von klinisch getesteten und medizinisch zertifizierten digitalen Produkten (i. d. R. einer App auf dem Smartphone), dann spricht man von Digital Therapeutics, kurz DTx[11]. In Deutschland fallen darunter auch die sogenannten Digitalen Gesundheits-Applikationen oder DIGAs[12], die als Medizinprodukte von den Ärzten genauso wie andere Therapien verschrieben und von den Kassen erstattet werden. Eine solche digitale Therapie (oft eine Psychotherapie[13] oder Physiotherapie[14]) wird auf diese Weise mittels Interaktionen mit einem Smartphone selbständig vom Patienten durchgeführt. Ein KI-basierter digitaler Assistent überwacht und unterstützt dabei den Patienten während der gesamten Laufzeit. Dazu können spezielle medizinische Sensoren (z. B. kontinuierliches Glukosemonitoring für Diabetiker) zum Einsatz kommen, die ihre Daten an eine App auf dem Smartphone oder direkt in die Cloud liefern. Oft sind aber schon einfache Apps ohne zusätzliche Sensorik hilfreich, die die Patienten rechtzeitig an die therapeutischen Maßnahmen erinnern und über geeignete Methoden (u. a. »Nudging«) helfen, die Compliance zu verbessern.

Die Expertinnen und Experten haben für diese Anwendungsfälle einen **relevanten Impact** attestiert und auch hier festgestellt, dass die **Maturity** sich noch im prototypischen Stadium befindet.

### 11.4.3    (3) Smart Care Assistants

Vor allem alte und behinderte Menschen benötigen eine an ihre jeweilige Situation angepasste Langzeitpflege. Beispiele für Pflegediagnosen aus diesem Bereich sind

---

11  Vgl. Understanding DTx: in: Digital Therapeutics Alliance, 15.03.2022, https://dtxalliance.org/understanding-dtx/ (abgerufen am 05.06.2022).
12  Vgl. DIGA-Verzeichnis: in: Bundesinstitut für Arzneimittel und Medizinprodukte, o. D., https://diga.bfarm.de/de/verzeichnis (abgerufen am 05.06.2022).
13  Vgl. Online-Therapieprogramm bei Depressionen: in: deprexis, o. D., https://de.deprexis.com/ (abgerufen am 05.06.2022).
14  Vgl. Digitale Therapien bei COPD und Rückenschmerzen: in: Kaia Health EU, o. D., https://kaiahealth.de/ (abgerufen am 05.06.2022).

Inkontinenz, Dekubitus, Sturzrisiko[15] und Dehydrierung. Die heute dabei eingesetzten pflegerischen Interventionen sind fast ausschließlich manuell und damit sehr zeit-aufwendig. Daher stehen vor allem privat Pflegende (alleine in Deutschland erhalten 50 Prozent der Betroffenen ihre Pflege ausschließlich von Angehörigen – das sind ca. 2 Mio. Pflegebedürftige), aber auch zunehmend professionelle Pflegekräfte unter Stress. Dass die Situation durch die Covid-Pandemie noch verschärft wurde, ist all-gemein bekannt. Umso wichtiger ist die Nutzung aller Mittel und Wege, um diesem Pflegenotstand entgegenzuwirken – zumal die demographische Entwicklung die Situation noch verschärft. Dazu gehört auch der Einsatz von Smart Care Assistants (Digitalen Pflege Assistenten[16]). Diese KI-unterstützten Assistenzsysteme können in der Langzeitpflege und -therapie helfen, die Prognose für Patienten zu verbessern. Dazu werden einfache Sensoren am Körper oder im Umfeld des Patienten genutzt, um pflege- und therapierelevante Daten aufzuzeichnen und auszuwerten und bei Bedarf Pflegende zu benachrichtigen. Deutschland plant hier, analog zu den DIGAs, Digital Pflege-Applikationen also DIPAs einzuführen, deren Kosten bei Nachweis einer positi-ven Versorgungswirkung von den Pflegekassen erstattet werden.

Unsere Experten sehen auch hier einen **maßgebenden Impact** bei gleichzeitig noch **prototypischer Maturity**, die verspricht in Zukunft noch ein großes Potenzial zu ent-falten.

### 11.4.4 (4) Robotic Surgery

Komplexe chirurgische Eingriffe z. B. im Gehirn, am Auge oder am Herzen stellen ext-reme Anforderungen an die Fähigkeiten der durchführenden Operateure. Robotische Assistenzsysteme, die Ärztinnen und Ärzte bei der Operation z. B. durch Mikromanipu-lationen unterstützen, gewinnen daher immer mehr an Bedeutung. Auch hier kommt immer häufiger KI zum Einsatz, um die robotischen Interventionen zu leiten und damit die Erfolgsaussichten der Eingriffe zu verbessern.[17] Zusätzlich entwickeln sich erste An-sätze zur Automatisierung einzelner Teilschritte einer Intervention. Auch hier erfor-dern komplexere Interventionen KI zur Steuerung.

Solche Systeme werden von den Experten in der **Maturity** schon im Stadium der **Adop-tion** gesehen. Gleichzeitig sehen sie hier auch den **größten Impact** in diesem Sektor.

---

15 Die Lindera SturzApp: in: Lindera, 19.05.2022, https://www.lindera.de/produkte/pflege/ (abgerufen am 04.06.2022).

16 Vgl. Der Persönliche Digitale Pflege Assistent: in: Curaluna GmbH, 2022, https://www.curaluna.de/ (abgerufen am 05.06.2022).

17 Vgl. What is robotic-assisted intervention? in: Corindus, 2022, https://www.corindus.com/corpath-grx/ what-is-robotic-assisted-intervention (abgerufen am 05.06.2022).

## 11.4.5   (5) Clinical Prognosis Prediction

Ein weiteres großes Anwendungsfeld für KI ist die Auswertung von allen verfügbaren klinischen Daten eines Patienten zur Ermittlung der Kurzfristprognose von Patienten im Krankenhaus. Insbesondere in Gesundheitssystemen, bei denen die Kostenerstattung wesentlich vom nachhaltigen Ergebnis der im Krankenhaus durchgeführten Maßnahmen abhängt (z. B. in USA), verwenden Kliniken viel Energie auf die Auswertung aller verfügbarer Daten, um durch die Früherkennung von kritischen Situationen, wie z. B. einer schweren Sepsis, rechtzeitig Gegenmaßnahmen einzuleiten, die die Mittelfristprognose des Patienten verbessern. Auch hier kann KI – jenseits klassischer, statistischer Methoden – helfen, komplexe Muster und Zusammenhänge zu erkennen, aus denen sich Maßnahmen ableiten lassen, die sich nachhaltig positiv auf die Gesundheit des Patienten auswirkt.

Unsere Expertinnen und Experten sehen hier noch eine **niedrige Maturity** doch auch hier einen **relevanten Impact** für die Gesundheitsversorgung der Bevölkerung

# 12 Trendradar KI: Energieversorger

In den Trendradaren für Banken, Versicherungen und Gesundheit haben wir gesehen: KI hat einen zum Teil erheblichen Einfluss auf die künftigen Herausforderungen der jeweiligen Branchen. Mindestens ebenso erheblich sehen wir die zu erwartenden Auswirkungen auf Energieversorger und Netzbetreiber.

Wie wir in Kapitel 3.5.4 über den Ausblick ins Jahr 2035 bereits ausgeführt haben: KI spielt mit Sicherheit eine Schlüsselrolle bei der **Energiewende**. Viele der globalen Herausforderungen und Klimaziele werden wir nicht ohne die systemische Nutzung von KI lösen können. Millionen Menschenleben, saubere Luft, individuelle Mobilität und der sorgsame Umgang mit Rohstoffen hängen davon ab, wie erfolgreich es uns gelingen wird, KI erfolgreich zum Einsatz zu bringen.

KI wird den Betreibern helfen, Netze und Kraftwerke effizienter zu betreiben, den zu erwartenden Strombedarf besser zu kalkulieren und für eine höhere Verfügbarkeit von Energie zu sorgen. Aus unserer Sicht gehören folgende Anwendungsfelder zu den **potenziellen Sektoren**, die wir im Trendradar KI für Energieversorger untersuchen und bewerten wollen:

- Planung von Netzen und Anlagen (inkl. öffentliche Ladeinfrastruktur)
- Vorausschauender Betrieb und Instandhaltung von Netzen und Anlagen
- Erweiterte Services für Kunden

Umso bedauerlicher ist es für Sie, liebe Leserinnen und Leser, und uns als Autoren, dass der Experten-Roundtable für den Trendradar KI im Frühjahr 2022 aus gesundheitlichen Gründen nicht stattfinden konnte. Uns hat damit die Zeit gefehlt, den Trendradar rechtzeitig vor der Fertigstellung dieses Buches abzuschließen.

Der Trendradar KI für Energieversorger erscheint im Herbst 2022. Mehr erfahren Sie unter:

**www.trendradar-ki.de**

Wir haben uns aber dennoch mit zahlreichen Anwendungsfällen für KI in Stadtwerken und EVU (Energieversorgungsunternehmen) auseinandergesetzt. Einige werden wir in Kürze für Sie bewerten:

**Effiziente Digitale Services für Kunden:** Die Meldung von Zählerständen oder Umzügen, die Änderung von Zahlungsmodalitäten oder Fragen zu privaten Photovoltaikanlagen können durch KI künftig weitestgehend automatisiert bedient werden, z. B. durch kundenzentrierte Apps, intelligente Vorgangserfassung oder Virtuelle Assis-

tenten. EVU können für ihre Kunden Photovoltaik-Anlagen abhängig von Wetterein-
flüssen und Geoinformationen durch Luft- und Satellitenbilder optimal ausrichten.
Mittels bildgestützter Verfahren können potenzielle Baumängel bei privaten oder
öffentlichen Standorten rechtzeitig erkannt und behoben werden. EVU können auf
Basis von in der Vergangenheit erfassten Verbrauchs- und Wetterdaten das Einspeise-
management der privaten Anlagen optimieren und auf effizientere Weise Strom be-
reitstellen.

**Planung und Betrieb von Anlagen und Netzinfrastruktur:** KI ermöglicht der Energiewirtschaft in Zukunft einen effizienteren und sicheren Anlagenbetrieb – zum Einen
durch die Vorhersage benötigter Warungsintervalle, zum Anderen durch Erkennung
von Anomalien zur Erhöhung der Cybersicherheit. KI hilft außerdem schon heute dabei, optimale Standorte der öffentlichen Ladeinfrastruktur für die wachsende Elekt-
romobilität zu finden. KI unterstützt die Speicherung und Verteilung von Energie um
die volatilen Effekte bei der Erzeugung (abhängig von neuen Energien) und Verbrauch
(abhängig von Lastspitzen) lokal ausgleichen.

Es zeigt sich aber auch, dass es der Energiewirtschaft schon heute an Fachkräften
mangelt. Studien bescheinigen einen gewissen Nachholbedarf in den Unternehmen,
wenn es um die Datenerfassung und -modellierung für diese Szenarien geht.

Mehr erfahren Sie dann in Kürze auf der Trendradar-Website.

# 13 KI erfolgreich einführen und nutzen

Sie haben es fast geschafft: Wir sind auf der Zielgeraden unseres Buches. Im Kapitel 14 wartet noch ein weiterer KI-Crashkurs auf Sie. Wir möchten mit Ihnen darin noch einen tieferen Blick in den »Maschinenraum der KI« werfen.

Jetzt geben wir Ihnen noch einige nützliche Hinweise und Arbeitshilfen mit auf den Weg. Damit wollen wir dieses Ihr und unser neues KI-Buch, liebe Leserinnen und Leser, gebührend abrunden. Bei allen Überlegungen und Anregungen, die Sie nach der Lektüre mitnehmen werden ... bedenken Sie bei der Umsetzung:

**KI-Projekte sind anders.**

Denn KI-Projekte haben ihre Besonderheiten. Sie stellen Ihre Organisation vor ungewohnte Herausforderungen.
- **Technisch** (weil wir verstehen müssen, dass KI einen Paradigmenwechsel in der Entwicklung von Software einläutet);
- **Kulturell** (weil wir mit den Auswirkungen umgehen müssen und sie unserer Organisation außerordentliche Resilienz abverlangt);
- **Organisatorisch** (weil wir gesehen haben: ein KI-Vorhaben weicht von traditionellen Mustern ab und benötigt neue Instrumente).

## 13.1 Herausforderungen in KI-Projekten

Mit dem zunehmenden Einsatz von KI-Anwendungen in allen Bereichen eines Unternehmens – vom Marketing über den Kundenservice bis hin zur Produktionssteuerung – wird eine Frage immer drängender: Sollen wir KI-Lösungen intern entwickeln oder kommerzielle Software kaufen? Kurz gesagt, es geht um die gute alte Frage: **make or buy?**

### 13.1.1 Die Make-or-Buy-Herausforderung

Bei dieser Frage spielen viele Faktoren eine Rolle. Die Verfügbarkeit von Fachkenntnissen im Unternehmen, die relativen Kosten und die Anforderungen an die kontinuierliche Überwachung eines eingesetzten Modells. Aber eines ist sicher: Eine falsche Entscheidung kann teuer werden. Und damit sind nicht nur die direkten Kosten gemeint, sondern auch der Verlust von »Time-to-Market«, Innovationsfähigkeit und Wettbewerbsvorteilen.

Man könnte meinen, dass diese Frage bereits beantwortet ist. Denn schließlich wurde eine ähnliche Entscheidung in Ihrem Unternehmen schon oft bei der Beschaffung von IT-Anwendungen getroffen. Aber: KI ist eben keine IT-Anwendung wie ein Ticket-System oder die Digitale Reisekostenabrechnung. KI hat bestimmte Eigenschaften, die sie von herkömmlicher Software unterscheidet. Die »Make-or-Buy-Entscheidung« muss also anders angegangen werden.

**Unsere Empfehlung:** Stellen Sie sich die Frage, wie bedeutsam Ihr KI-Vorhaben für das zentrale Werteversprechen Ihrer Marke ist. Daran sollten Sie bemessen können, wie entscheidend der Aufbau und die Weiterentwicklung firmeninterner Fachexpertise ist. Lassen Sie uns das an einem Beispiel erläutern:

In Kapitel 7.10 »KI in der Supply-Chain« haben wir feststellen können, dass die Steuerung der Lieferketten in Produktions-, Handels- und Logistikunternehmen von zentraler Bedeutung sind. Mehr noch: die Compliance-Richtlinien der Banken (u. a. die Überwachung des Zahlungsverkehrs) sind vergleichbar mit dem Lieferkettengesetz der Industrie. In diesen **zentralen Feldern der Wertschöpfung** sollten Unternehmen eigenes KI-Know-how aufbauen. Wir nennen diese Felder die **Innere Peripherie**.

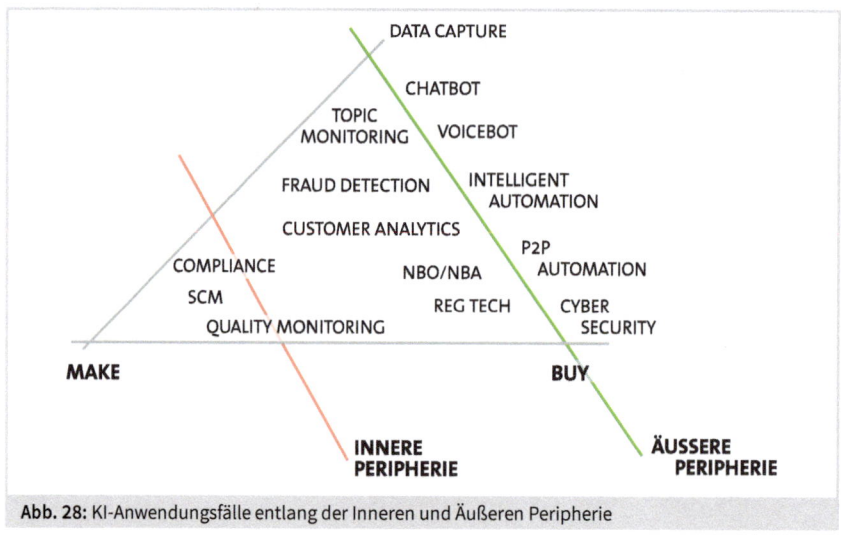

**Abb. 28:** KI-Anwendungsfälle entlang der Inneren und Äußeren Peripherie

Andere KI-Anwendungsfelder sind weniger branchenspezifisch. Sie vereinfachen häufig Abläufe in den Unternehmensbereichen, steigern die Effizienz, erhöhen die Automatisierung, ohne dabei direkt in die innere Peripherie des Unternehmen einzuwirken. In diesen äußeren Feldern der Wertschöpfung sollten Standard-Lösungen zum Einsatz kommen. Typische Anwendungsfälle sind die Intelligente Dokumentenerfassung (Intelligent Document Processing) in Backoffice und Kundenservice, oder

Chat- und Voicebots, Cognitive Data Capture und Cyber Security. Wir nennen diese Standard-Lösungen die **Äußere Peripherie**.

Grundsätzlich empfehlen wir Unternehmen, eigenes KI-Know-how innerhalb der Organisation aufzubauen. Denn Sie sollten über Expertinnen und Experten verfügen, die laufend relevante Einsatzfelder ermitteln und beurteilen können. In den KI-Einsatzfeldern der Inneren Peripherie – nämlich jenen, die entscheidend sind für die zentrale Wertschöpfung Ihres Geschäftsmodells – sollten sie unbedingt Maßnahmen ergreifen, um innerhalb der Organisation eigene Expertise aufzubauen und weiterzuentwickeln.

## 13.1.2   Die Projekt-Herausforderung

KI-Projekte sind Softwareprojekte, Datenprojekte, Innovationsprojekte und Lernende Systeme in einem.

**Softwareprojekte:** Zunächst einmal sind KI-Projekte immer auch Softwareprojekte. Es muss eine Software erstellt werden, mit deren Hilfe die KI-Modelle trainiert und in Datenmodellen oder Prozessen zur Anwendung bringt. Wie in allen Software-Projekten muss auch diese KI-Software in andere Unternehmenssoftware eingebettet werden, um ihre Arbeit zu erledigen. So muss ein visuelles Prüfprogramm, das Fehler in Werkstücken erkennen soll, in die Software zur Produktionssteuerung eingebunden werden. Nur so kann sie fehlerhafte Werkstücke automatisch aussortieren oder »Alarm auslösen«.

KI-Projekte sind also Softwareprojekte. Und wie bei einer normalen Software müssen Anforderungen erfasst, Funktionen beschrieben, Architekturen entwickelt, Code erstellt, Anwendungen getestet, in Betrieb genommen und im Betrieb überwacht werden. Daher steht auch für KI-Projekte das gesamte Arsenal an Projektmanagement-Methoden zur Verfügung. Leider fallen KI-Projekte aber auch noch in eine weitere Kategorie von Projekten.

**Datenprojekte:** KI-Projekte sind nämlich nicht nur Softwareprojekte, sondern immer auch Datenprojekte. Bei Datenprojekten steht das Erheben, Integrieren, Auswerten, Interpretieren und Kommunizieren von Ergebnissen im Vordergrund. Datenprojekte findet man regelmäßig in den Wissenschaften, im statistischen Bundesamt oder auch in Wissensmanagement-Projekten von Großunternehmen. Die verfügbaren Daten und deren Qualität sind hier entscheidend für den Erfolg. Daher wird in solchen Projekten großen Wert auf die Erfassung der Daten – manchmal auch mit Hilfe von Crowdsourcing – gelegt. Ebenso ist das Management der Datenqualität entscheidend.

All das ist bei KI-Projekten nicht anders: In den meisten praktischen Anwendungsfällen werden sehr viele Daten für das Training der Modelle benötigt. Die Qualität der

Daten ist für die Qualität des Modells entscheidend. Außerdem werden im Zuge des Supervised Learning Daten (siehe Kapitel 14.5 »Die verschiedenen Arten des Lernens«) gelabelt. So werden zum Beispiel Dokumente explizit (zum Beispiel in dem man für ihren Inhalt Schlagworte vergibt) oder implizit gelabelt (zum Beispiel indem sie einer vordefinierten Dokumentenkategorie zugewiesen werden). Auf diese Weise wird das Expertenwissen der Mitarbeitenden erfasst und an die KI-Lösung weitergegeben. Dabei werden aber auch alle bewussten und unbewussten Fehler im Expertenwissen weitergegeben. Und Vorurteile und Fehleinschätzungen in den Trainingsdaten werden zwangsläufig in die Modelle übertragen. Daher ist es wie bei allen Datenprojekte auch bei KI-Projekten besonders wichtig, solche sogenannten **Voreingenommenheiten** (**biases**) in den Daten zu korrigieren. Sonst kommt es zu so spektakulären Fehlleistungen wie der von Google Fotos, die Menschen mit schwarzer Hautfarbe als Gorillas identifizierte[1]

Da KI-Lösungen lernen können (entweder durch eine Veränderung des Trainingssets, oder durch die Handlungen der Mitarbeitenden), kann diese Eigenschaft in der Praxis genutzt werden. Dazu benötigen Sie aber ein Verfahren, das die KI-Software im Betrieb kontinuierlich aktualisiert. Das leisten u. a. DevOps Verfahren – oder Ihre Standardlösung bietet diese Funktionen. Das bringt uns zu einer weiteren Kategorie von Projekten, die KI-Projekte zu besonderen Herausforderungen werden lassen.

**Lernende Projekte (= Modelle):** KI-Projekte haben mit Software-Anwendungen zu tun und basieren auf erzeugten Daten. Und sie sind meistens »Lernende Systeme«. Sie entwickeln ihre Fähigkeiten aus generierten Modellen der zuvor im Betrieb gesammelten Daten. Dieser Bereich ist häufig die Spielwiese der hochbezahlten Data Scientists in Unternehmen. Data Scientists entwickeln die passenden Datenquellen, KI-Modelle und Lernverfahren, damit die KI-Anwendung nachher im Betrieb auch die gewünschten Erkenntnisse oder Entscheidungen auswirft.

Die Herausforderung hier: Oft müssen viele Verfahren erprobt werden. Glauben Sie uns: das Geschäft ist alles andere als exakte Wissenschaft. Viele Formeln führen zum Ziel.

**Unsere Empfehlung:** Häufig hilft es hier Partner aus dem forschenden Umfeld oder externe Expertinnen und Experten einzubinden. Sie können vorkonfigurierte Modelle einbringen und viele Monate Entwicklungsdauer einsparen. Lernende Systeme sorgen für Überraschungen. Man kann nie genau sagen, wie eine KI-Anwendung in bestimmten Situation reagieren wird. Daher sind umfangreiche Tests vor der Inbetriebnahme und eine intensive Betriebs-Überwachung nötig.

---

1   Vgl. Hern, Alex: Google's solution to accidental algorithmic racism: ban gorillas, in: the Guardian, 12.01.2018, https://www.theguardian.com/technology/2018/jan/12/google-racism-ban-gorilla-black-people (abgerufen am 05.06.2022).

**Innovationsprojekte:** Nicht zuletzt sind KI-Projekte vor allem auch Innovationsprojekte. Sie nehmen häufig erheblichen Einfluss auf bestehende Prozesse, Geschäftsmodelle und sogar ganze Branchen. Das geschieht natürlich auch mit Projekten, die sich mit Cloud-Anwendungen, 3D-Druck oder neuen Biotechnologien auseinandersetzen. Aber im Hinblick auf KI sehen wir dieses Einflusspotential größer. KI-Innovationen können traditionelle Abläufe und Zuständigkeiten in Ihrer Organisation auf den Kopf stellen. Häufig sieht man die Auswirkungen erst später – wenn die Innovation operationalisiert, also in Betrieb genommen und skaliert werden soll.

Diese Skalierung fällt in vielen Unternehmen schwer. Das ist u. a. der Grund, warum KI-Projekte häufig scheitern und nicht über den Zustand einer Pilotanwendung oder eines Minimum Viable Product (MVP) hinauskommen. Warum das so ist, möchten wir im hier erläutern.

### 13.1.3 Warum KI-Projekte scheitern

Ihnen als Leserin und Leser dieses Buches sind spätestens hier in Kapitel 13 die Perspektiven und Chancen von KI hinlänglich bekannt. Was Sie aber überraschen wird ist: In der Praxis scheitern 2 von 3 KI-Projekten. Eine McKinsey-Umfrage[2] aus Mai 2017 hat ergeben, dass weniger als 30 Prozent der KI-Pilotprojekte beginnen, zu skalieren – also erfolgreich in die Nutzung übergeben werden. Noch nach 12 Monaten befanden sich dem Report zufolge 84 Prozent der KI-Anwendungen im Pilotbetrieb. Und sogar nach 24 Monaten waren 28 Prozent nicht in den Betrieb überführt worden.

Ein grundsätzliches Problem, dem wir Autoren in der Vergangenheit häufig begegnet sind, ist der **fehlende Fokus**. Klar: die Unternehmensleitung möchte KI-Projekte initiieren, um mit der beobachteten Entwicklung Schritt zu halten. Aber häufig lassen sich geschäftliche Herausforderungen ganz ohne die Nutzung von KI lösen: mit klassischen IT-Lösungen und gesundem Menschenverstand.

Führt ein Geschäftsprozess immer wieder zu Beschwerden, hilft KI alleine nicht weiter. Es fehlen in der Unternehmenspraxis häufig die richtigen Expertinnen und Experten, die zunächst einmal einschätzen können, ob KI den richtigen Schlüssel bietet, um mit vertretbaren Aufwendungen ein beschreib- und messbares Problem auch wirklich zu lösen.

---

2   Vgl. Bughin, Jacques/Jeongmin Seong/James Manyika/Michael Chui/Raoul Joshi: Notes from the AI frontier: Modeling the impact of AI on the world economy, in: McKinsey & Company, 20.11.2019, https://www.mckinsey.com/featured-insights/artificial-intelligence/notes-from-the-ai-frontier-modeling-the-impact-of-ai-on-the-world-economy (abgerufen am 29.05.2022).

Wir möchten Ihnen gerne im Folgenden aufzeigen, welche typischen Fallstricke vor Ihnen und Ihrer Organisation liegen werden. In unseren Digitalen Erweiterungen zu unserem Buch auf www.trendradar-ki.de haben wir Arbeitshilfen für Sie zusammengestellt, die Sie in der Praxis vor möglichen Havarien auf Ihrer KI-Reise schützen sollen. Aber zunächst zur Liste typischen Fallstricke und Missverständnisse.

### 13.1.4   Die 8 häufigsten Fallstricke und Missverständnisse

**1. Ein KI-Projekt ist kein IT-Projekt.**
Wie wir im letzten Kapitel aufzeigen konnten: KI-Projekte sind auch Daten- und Innovationsvorhaben. KI-Projekte scheitern häufig, wenn mit klassischen Instrumenten aus Software-Projekten gearbeitet wird oder die Verantwortung für den Projekterfolg in die IT-Abteilung geschoben wird. Erfolgreiche KI-Projekte werden meistens durch interdisziplinäre Teams durchgeführt. Ohne ein gegenseitiges Verständnis zwischen der operativen Expertise (den Fachabteilungen) und der technischen Expertise (den Daten-Fachleuten und IT-Profis) gelingt es häufig nicht, das »Instrument« KI perfekt in der Praxis zum Einsatz zu bringen.

**2. KI-Projekte bleiben im Status eines »Piloten« stecken.**
Die Ursachen dafür sind vielfältig. Häufig wird erst im Laufe des Proof-of-Concept (PoC) festgestellt, dass die benötigten Daten nicht in ausreichender Menge oder Detailtiefe vorhanden sind. Oder Daten dürfen aus Gründen des Datenschutzes nicht im erforderlichen Umfang verwendet werden können. Manchmal fehlen entscheidende Komponenten und Voraussetzungen in der technischen Infrastruktur, die erst geschaffen werden müssen. Manchmal fehlt es aber auch an den richtigen Talenten und passenden Methoden. Dann landen Pilot-Vorhaben gerne auf einem »Abstellgleis« für eine spätere Umsetzung.

**3. KI steckt noch in der Forschung.**
Wenn Sie sich die Trendradare in Kapitel 5 anschauen stellen Sie fest: Die allermeisten Anwendungsfälle sind keine Vision mehr. Die technische Umsetzbarkeit steht außer Frage. Eine anwendungsreife Lösung scheint greifbar zu sein. Aber in vielen Feldern befinden sich Methoden noch in der Forschung und werden weiterentwickelt. Für die Anwendungsforschung benötigen Sie also geeignete Fachexpertise auf dem Feld – und sollten u. a. die Zusammenarbeit mit Hochschulen suchen.

**4. KI kann nicht alles. Und nicht alles löst man mit KI.**
Rund um den Einsatz von KI gibt es einen großen Hype. Und durchaus häufig sind die Erwartungen überzogen und das tatsächliche Ergebnis enttäuscht. Wie bei allen Innovationsfeldern sind manche Anbieter schnell mit potenziellen Aussichten und Versprechen zur Stelle. Versuchen Sie durch die Marketing-Fassade hindurch

zu sehen. Sprechen Sie mit den Entwicklern und Anwendungsexperten, damit Sie ein realistisches Bild von den Möglichkeiten erhalten. Und verlassen Sie sich nicht auf den »einen« Software- oder Entwicklungspartner, der Ihr KI-Projekt im Alleingang umsetzen will. Manchmal kommt am Ende »nur« eine lauffähige Demo heraus. Seriöse Partnerfirmen werden Ihnen das auch vermitteln und Ihre Erwartungen »managen«.

### 5. Sie können nicht alles alleine machen. Dazu fehlt die Zeit.

Eine andere Fehleinschätzung, die häufig zu Projekt-Havarien führen kann, ist: »Das können wir selbst entwickeln«. Mitarbeitende werden in externe Weiterbildungsmaßnahmen entsendet, um ausreichendes Wissen zu KI und ML zu erwerben. Auf diesem Pfad werden in der Praxis sogar durchaus Achtungserfolge erzielt. Denn mit der Kenntnis des betriebsinternen Umfelds und der erworbenen theoretischen Expertise fällt im Zweifel lange nicht auf, dass ohne externe Hilfe das Ziel nicht erreicht werden kann. Wir nennen das die **»Jugend-forscht-Falle«**. Das kann sich rächen. Im besten Fall dauert es einfach viel zu lang, bis Sie Ihre Ziele erreichen. Und Ihre Mitbewerber ziehen inzwischen an ihnen vorbei, weil sie schneller Anwendungen realisieren und Nutzen stiften können. Im schlimmsten Fall kommen Sie in Ihrem Unternehmen zur fatalen Erkenntnis, dass KI Sie nicht weiterbringt. Das kann ein teurer Irrtum werden. Nehmen Sie also Experten an Bord, die Ihnen helfen und vor allem zu Beginn Ihres Vorhabens notwendige Fachexpertise einbringen können.

### 6. Sie müssen die Menschen auf Ihrer Reise mitnehmen.

Ein weiterer beliebter Fallstrick auf dem Weg zu Ihrem erfolgreichen KI-Projekt ist: Die Mitarbeitenden werden auf der Reise nicht mitgenommen. Das richtige (und absolut wichtige) Change-Management fehlt. Wenn sich im Zuge Ihres KI-Vorhabens die operative Zusammenarbeit zwischen Menschen und Maschinen verändert, oder womöglich Aufgabenbereiche wegfallen oder sich verschieben, benötigt dieser Wandel eine professionelle Moderation, Offenheit und Transparenz. Sie benötigen die Unterstützung Ihrer Kolleginnen und Kollegen, um das Arbeitsumfeld zukunftsfähig zu machen. Und wenn Sie es richtig angehen, werden die meisten Ihr Vorhaben gerne unterstützen, weil Sie an der Umsetzung mitwirken dürfen – von den ersten konzeptionellen Überlegungen bis hin zur Inbetriebnahme.

### 7. Sie müssen Aufwand und Wert Ihres Vorhabens realistisch einschätzen.

Und das ist nicht so einfach wie Sie vielleicht denken. Viele Kosten entstehen erst mit der Skalierung Ihres Vorhabens. Sie stecken in nötigen Veränderungen der Infrastruktur, Schulungen und Trainings, anderen Reports oder veränderten Abläufen, die durch Lieferanten und Kunden adaptiert werden müssen. Auch Ihre Anfangsinvestitionen können höher sein als gedacht, weil Sie teure Expertinnen und Experten einkaufen und viele Daten mit hohem manuellem Aufwand durch die Fachabteilungen erfassen müssen.

Es besteht die Gefahr, dass Ihr Vorhaben an Akzeptanz und Glaubwürdigkeit verliert. Schätzen Sie daher den Nutzen, aber auch Ihr Investment solide ein. Der Business Case rechnet sich trotzdem fast immer.

**8. Haben Sie Mut, Ideen aufzugeben und »neu anzufangen«.**
Wir verbinden diesen Fallstrick mit dem Slogan: »Fail fast«. Der Wert Ihres Vorhabens wird am Ende ausschließlich mit dem messbaren Nutzen Ihrer Anwendung erzeugt. Daher reicht es nicht aus, wenn Sie einen erfolgreichen Proof-of-Concept durchführen oder einen Prototypen vorzeigen können. Viele Prototypen sind schlichtweg nicht skalierbar und dadurch für die Fachabteilungen wertlos. Die Ursachen sind vielfältig: Die Datenerhebung, mit denen Ihr KI-System auf dem aktuellen Stand gehalten werden muss, erweist sich im »Betrieb« als zu teuer. Oder die Grundidee des Anwendungsfalles ist nicht tragfähig. Das ist nicht selten. Denn mit dem Einsatz von KI dringen Sie ja häufig auf Neuland vor. Seien Sie ruhig mutig und stoppen Sie solche Projekte. Stellen Sie diese Projekte zurück in die Pipeline. Schauen Sie sich Ihren KI-Ansatz später noch einmal an, wenn Ihr Unternehmen (und die KI-Forschung selbst) ein paar Schritte weiter ist. Inzwischen verwenden Sie Ihre Zeit und Ihr Kapital besser auf andere KI-Vorhaben, die schneller Nutzen stiften.

Sie haben in diesem Kapitel gesehen: Wenn Sie KI-Anwendungen innerhalb Ihrer Organisation einführen (oder als Mitarbeitende ein solches Vorhaben begleiten und verstehen möchten), müssen Sie sich auf neue Perspektiven einlassen. Wir möchten abschließend aber auch nicht unerwähnt lassen, dass KI-Projekte aufregend und innovativ sind. Es ist faszinierend zu erleben, wenn aus den ersten Ideen und gesammelten Daten am Ende tatsächlich eine Anwendung generiert wird, die zu einem Meilenstein für Ihr Team, Ihre Produktion, Ihre Serviceprozesse oder den Komfort am Arbeitsplatz wird.

## 13.2   Key Takeaways

Die erfolgreiche »Operationalisierung« von KI-Anwendungen gehört zu den vielleicht größten Herausforderungen in der heutigen modernen Unternehmenspraxis. Folgende »Takeaways« für die Praxis möchten wir Ihnen auf den Weg geben.

### 13.2.1   Hinweise und Tipps für die Praxis

1. KI-Projekte benötigen ein interdisziplinäres Setup. Im vorherigen Abschnitt 9.1 haben wir erläutert, dass wir kaum Projekte kennen, die nach »traditionellen« Maßstäben erfolgreich durchgeführt werden können. KI-Projekte haben ihre Besonderheiten.

2. Kundenservice, Marketing, Supply-Chain-Management und Produktion sind Unternehmensbereiche, die besonders von der »Natur der KI« profitieren können.

3. Die wichtigsten KI-Geschäftsanwendungen basieren auf: Bild- und Videoanalyse, Gesichtserkennung, Erkennung und Verarbeitung natürlicher Sprache, Analyse von Texten und Dokumenten, Vorhersage von Kundenverhalten.

4. Es gibt bereits eine Reihe von standardisierten Lösungen und »AI-as-a-Service«, die Ihnen die Pilotierung und Adaption einfach machen. Von daher ist die Make-or-Buy-Entscheidung (siehe Kapitel 13.1.1) eine kritische. Wir haben viele KI-Roadmaps scheitern sehen, weil Unternehmen sich in »Nebensächlichkeiten« verloren haben und in den KI-Stillstand abgerutscht sind.

5. Gerade in KMU verhindern häufig diese folgenden Aspekte eine zukunftsfähige KI-Strategie: eine fehlende Datenkultur, eine fehlende KI-Expertise, ein mangelndes Bewusstsein für Chancen und Umgang mit KI, fehlende Trainings und Transparenz für Management, Führungskräfte und Mitarbeitende, sowie die Unsicherheit hinsichtlich der rechtlichen und technischen Rahmenbedingungen.

6. KI-Systeme beruhen dem Prinzip »Erfassung-Validierung-Entscheidung-Ergebnisbewertung«. Sie werden anhand von Daten trainiert. Ohne eine unternehmensweite Strategie zum Umgang mit Daten (Data Governance) ist KI wie ein Tesla ohne Steckdose.

7. Daten sind der Schlüssel. Etablieren Sie eine agile Vorgehensweise für die Konzeption, Erfassung und Entwicklung jener Datenpunkte, die für Ihren Weg zu datengetriebenen Unternehmensentscheidungen entscheidend sind. Wichtig: Die mögliche Auditierung Ihrer KI-Lösungen und Datenschutz-Gesetze sind kritische Erfolgsfaktoren, die Sie niemals vernachlässigen sollten.

8. Ohne den Menschen geht es nicht. Sensibilisieren Sie Mitarbeitende, Budgetverantwortliche und Geschäftsführende für die Vorteile. Schaffen Sie »interdisziplinäre Hubs« in denen Austausch herrscht und Commitment wächst.

9. Die Mehrheit (!) der KI-Anstrengungen scheitern an der fehlenden Replikation und Skalierung der Ergebnisse. Fokussieren Sie sich daher nicht auf das »Reagenzglas« sondern heilen Sie die »Krankheit«. Wir wollen damit sagen: ohne den Patienten ist die Arznei sinnlos. Ziehen Sie immer die Expertise der Fachabteilung hinzu, um Akzeptanz (und einen Business Case) zu schaffen.

## 13.2.2   Finanzierung von KI-Initiativen

Die Quantifizierung der Vorteile von KI ist eine große Herausforderung für Personalleiter. Einige Vorteile – Mitarbeiterproduktivität oder Zeitersparnis – lassen sich leicht messen. Andere, wie die Auswirkungen auf die Erfahrung der Mitarbeiter oder Bewerber, sind schwieriger. Gehen Sie die Herausforderungen der KI-Finanzierung und die Risikoaversion proaktiv an: Schaffen Sie ein Bewusstsein und entwickeln Sie klar definierte Anwendungsfälle, die mit Geschäftsfachleuten und personalbezogenen Herausforderungen verknüpft sind. Argumentieren Sie für KI-Investitionen, indem Sie KI-Projekte priorisieren, die Ihrem Bereich helfen, kritische Herausforderungen zu bewältigen, wie z. B. die Verbesserung der datenbasierten Entscheidungsfindung, die Beschleunigung der Mitarbeitererfahrung oder die Steigerung der Prozesseffizienz.

**Bedenken hinsichtlich Sicherheit und Datenschutz.** KI sammelt und analysiert riesige Mengen an strukturierten und unstrukturierten Daten, was zu ethischen Bedenken hinsichtlich ihrer Verwendung und Vertrauenswürdigkeit führt. Wenn KI-basierte Lösungen tiefer in HR-Prozesse eindringen, müssen Sie in der Lage sein, zu begründen, wie KI-Algorithmen zu ihren Entscheidungen kommen – und sicherstellen, dass die Eingaben in die KI nicht voreingenommen sind – und wie Daten verwendet werden, um Marken- und Reputationsrisiken zu vermeiden. Sie müssen robuste und transparente Verfahren für die Datenerfassung einführen und für Vielfalt bei der Datenauswahl und -verwaltung sorgen.

**Die Komplexität der Integration von KI in bestehende interne Infrastrukturen.** Dies ist eine der größten Herausforderungen, da aktuelle KI-Lösungen für die Personalabteilung oft spezialisiert, eng gefasst und singulär ausgerichtet sind. Evaluieren Sie anpassbare und kommerzielle KI-Anwendungen von der Stange, bevor Sie sich entscheiden, Lösungen von Grund auf neu zu entwickeln. Halten Sie sich die Option offen, maßgeschneiderte Lösungen durch Standardkomponenten zu ersetzen, sobald diese verfügbar sind.

Auch hier noch einmal der Hinweis auf die Digitalen Erweiterungen, die wir zu diesem Buch für Sie bereithalten. Besuchen Sie uns auf www.trendradar-ki-de für regelmäßige Updates, neue Trendradare und sinnvolle Vernetzungen mit dem KI-Ökosystem.

Viel Erfolg. Alles wird gut.

# Teil 4: KI-Intensivkurs

# 14 Blick in den Maschinenraum der Künstlichen Intelligenz

In Teil 2 dieses Buches haben wir Ihnen mit dem Periodensystem der KI und seinen Elementen ein Werkzeug zum grundlegenden Verständnis von KI-Anwendungsfällen an die Hand gegeben. Einige von Ihnen sind aber bestimmt neugierig, wie die dazugehörigen KI-Technologien hinter den Elementen aussehen.

In diesem letzten Teil des Buches wollen wir daher einen Blick »unter die Haube« der KI-Elemente wagen und dabei Einblicke in die wichtigsten KI-Technologien geben. Damit werden Sie immer noch nicht zum KI-Experten. Aber Sie lernen in kurzer Zeit die Grundprinzipien kennen und können damit z. B. die Erklärungen von Lösungsanbietern in der KI besser beurteilen und die generellen Diskussionen zur aktuellen Entwicklung in der KI besser verstehen.

## 14.1 Symbolische KI – menschliches Denken in Symbolen ausdrücken

Obwohl das Einsatzgebiet von Computern in den 1950er-Jahren hauptsächlich die komplexe Berechnung von Zahlen war, hat die KI-Forschung in dieser Zeit nicht mit der Verarbeitung von Zahlen, sondern mit der Verarbeitung von Symbolen angefangen.

Die Grundidee von John McCarthy und seinem Team aus der Dartmouth Summer School »im Jahr 1956, in der der Begriff »Künstliche Intelligenz« geprägt wurde, war, dass man alles menschliche Denken in symbolischer Form (z. B. durch Theoreme und Umformungen der Logik) ausdrücken kann. Und weil ein Computer nicht nur Zahlen, sondern auch Symbole verarbeiten kann, könne man dieser Maschine damit das menschliche Denken beibringen. (Bis heute nennt man daher diesen Teil der KI »Symbolische KI«.)

Die Verfahren der Symbolischen KI sind heute in vielen Softwareprodukten zu finden. Sie lösen für uns als Anwendende logische Probleme. Navigationssysteme bringen uns mit Symbolischer KI zu unserem Ziel. Konfiguratoren helfen uns komplexe Produkte zusammenzustellen und dabei Abhängigkeiten zu beachten (z. B. bei möglichen Ausstattungskombinationen für ein Auto).

Paradox ist dabei: diese Verfahren bezeichnen wir heute umgangssprachlich gar nicht mehr als KI. Aber noch heute lernen angehende Informatiker:innen diese Verfahren in den ersten KI-Vorlesungen. Daher widmend die Standardwerke zur KI[1] diesen Verfahren einen nicht unwesentlichen Teil Ihrer Aufmerksamkeit.

## 14.2   Expertensysteme – Auf der Suche nach Antworten in einer Wissensbasis

In den 1980er- und 1990er-Jahren bescherten dann sogenannte Expertensysteme der KI den ersten Hype und damit auch einen gewissen kommerziellen Erfolg. Expertensysteme basieren auf Methoden der symbolischen KI: Wissensrepräsentation und -verarbeitung, Problemlösungsstrategien, Logik und Planung, um nur die wichtigsten zu nennen.

Ein Expertensystem besteht aus einer sehr großen Datenbank, die man **Wissensbasis** nennt. Sie wird in oft mühsamer Kleinarbeit von Menschen aufgebaut. Anwender eines Expertensystems können Anfragen stellen und erhalten je nach System entweder ähnliche Fälle aus der Wissensbasis geliefert (z. B. als Unterstützung bei der Diagnose von Krankheiten) oder solche Ergebnisse, die sich aufgrund der Anwendung der gespeicherten Regeln ergeben. Diese Systeme eignen sich vor allem als »Decision Support Systems« für hochkomplexe Entscheidungsszenarien – u. a. in der Medizin.

Bis heute wird der Einsatz dieser Expertensysteme immer wieder diskutiert, einen bleibenden Erfolg konnten sie jedoch nicht erzielen. Ihr größter Nachteil bleibt: Die Wissensbasis muss aufwändig »von Hand« erstellt werden. Außerdem ist die Darstellung des benötigten Wissens in Form von logischen Aussagen in der Praxis nicht immer möglich.

**Beispiel: Die Katze in der KI**
Wie wollen Sie ausschließlich mit logischen Ausdrücken erklären, wie man eine Katze in einem digitalen Bild erkennt. Dieses Bild besteht nur aus einer 2-dimensionalen Matrix von Zahlen die Farbwerte repräsentieren (sogenannte Pixel). Eine Katze kann in unterschiedlichsten Positionen in diversen Hintergründen auf einem Bild erscheinen. Und Katzen können sehr unterschiedlich aussehen. Wenn Menschen alle Regeln beschreiben wollten, die eine Katze in einer Matrix von Pixeln erkennen, wären sie bestenfalls Jahre damit beschäftigt. Und bei der nächsten Generation von Digitalkameras mit besserer Auflösung ginge alles fast von vorn los. Die Konstruktion eines Expertensystems zur Erkennung von Katzen in digitalen Bildern erscheint daher völlig unmöglich.

---

[1]   Norvig, Peter/Stuart Russell: Artificial Intelligence: A Modern Approach, Global Edition: S. 803ff, 4., Harlow, UK: Pearson, 2021. Dieses Buch widmet gut die Hälfte seiner 1000 Seiten den Themen der symbolischen KI. Hier werden Verfahren für Bereiche wie »problem-solving«, »knowledge« »reasoning« und »planning« vorgestellt. Erst dann geht es um Maschinelles Lernen

## 14.3   Knowledge Graphs – mehrdimensional verknüpfte Wissensdomänen

Im Gegensatz zu den Expertensystemen sind ihre entfernten Verwandten, die sog. Knowledge Graphs, heute in der Praxis durchaus erfolgreich. Hier werden Wissensele-mente (sogenannte »Knoten«) durch Beziehungen (sogenannte »Kanten«) miteinan-der verbunden. Eine Wissensdomäne wird so als mathematischer Graph abgebildet, es entsteht ein »Wissens-Graph«.

Ein einfaches Beispiel: Ein Graph enthält die Stadt »Berlin« als Knoten vom Typ »city«. Dieser Knoten wiederum ist mit dem Knoten »Germany« vom Typ »country« verbun-den. Und mit einer Kante vom Typ »capital«. Diese mehrdimensionalen Verknüpfun-gen lassen Wissensdomänen entstehen.

Viele im Alltag relevante Wissensdomänen wurden in dieser Form aufgebaut und wer-den weiterhin aktualisiert und gepflegt. Am bekanntesten ist sicher **Wikipedia**. Und die prominenteste kommerzielle Anwendung von Wissensdomänen ist wahrschein-lich die **Suchmaschine** von Google. Wenn wir z. B. nach der Stadt »Wiesbaden« goo-geln, sehen wir nicht nur die üblichen Links der für diesen Begriff relevante Webseiten, sondern auch einen Kasten mit Hintergrundinfos und weiteren Verweisen zu »Wiesba-den«: also verknüpfte Knoten zu Wetter, Hotels, Hochschulen und Ähnlichem.

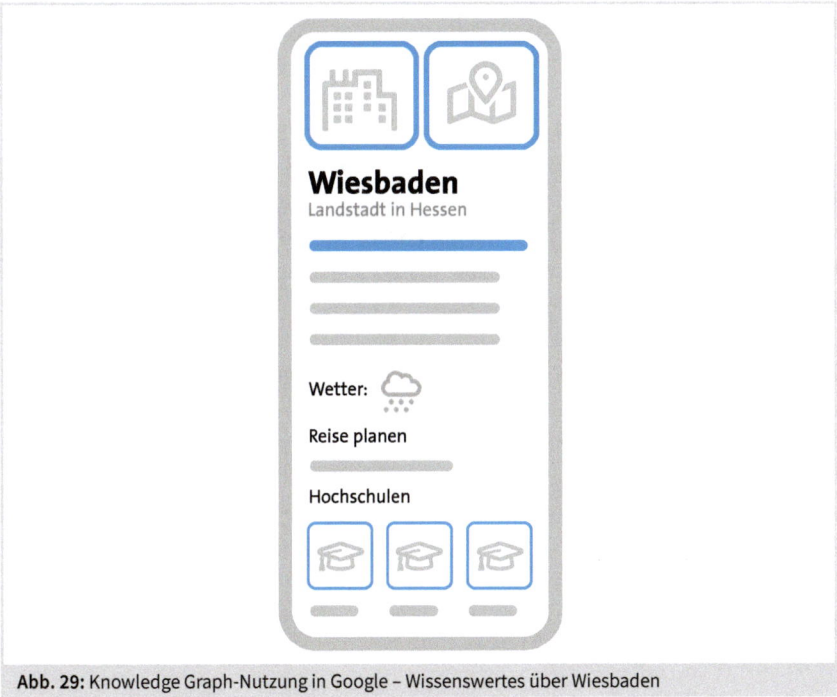

**Abb. 29:** Knowledge Graph-Nutzung in Google – Wissenswertes über Wiesbaden

Suchen wir nach dem Buch »Herr der Ringe«, wird uns im Kasten stattdessen die Information zur Filmtrilogie angezeigt. Mit dem Link zu einem weiteren Knoten »adaptiert von:« kommen wir z. B. zum Autor J.R.R. Tolkien.

## 14.4   Machine Learning – Eine Erfolgsstory

Obwohl die symbolische KI erfolgreich einige Probleme lösen konnte, blieben viele Herausforderungen offen. Betrachten wir nochmal das Problem der Erkennung einer Katze im digitalen Bild aus Kapitel 14.3. Mit symbolischer KI konnten wir das Problem offensichtlich nicht lösen

**Beispiel: Die Katze in der KI – Eine mögliche Lösung**
Wir Menschen können die Katze dennoch leicht erkennen. Und auch wir sehen auf unserer Netzhaut »nur« ein Pixelbild unserer Umwelt (und ein eher schlechtes noch dazu). Und trotzdem können wir alle Arten von Katzen in jeder denkbaren Situation ganz leicht erkennen. Wie schafft unser Gehirn das?

Neurowissenschaftler haben darauf eine scheinbar einfache Antwort: **Das Gehirn lernt aus Erfahrung.** Könnte man diese »Erfahrung« nicht auch in Algorithmen einfangen? Könnte ein Algorithmus eine Wissensbasis nicht ebenfalls aus »Erfahrungen« – also aus Beispielen – aufbauen? Genau das ist die Idee des Maschinellen Lernens –- neudeutsch: **Machine Learning**: Nicht der Mensch baut eine Wissensbasis auf, sondern die Maschine macht das selbständig.

Interessanterweise ist Idee des Machine Learning sogar noch deutlich älter als die KI. In der Wahrscheinlichkeitstheorie gibt es eine lange Tradition des »Automatischen Lernens aus Beispielen«, die auf den Mathematiker Thomas Bayes zurückgeht. Bayes hat sich schon im 18. Jahrhundert überlegt, wie man durch wiederholte Beobachtung von Experimenten die Antwort auf eine statistische Fragestellung immer weiter verbessern kann.

Beispiel: Wie wahrscheinlich ist es, dass ich trotz positivem Corona-Schnelltest nicht infektiös bin und wie verändert sich diese Aussage, wenn ich den Test wiederhole? Anders ausgedrückt: Wie kann eine statistisches Modell (auch eine Form von Wissensbasis) durch Lernen aus Erfahrung verbessert werden?

Diese Verfahren haben sich in vielen Anwendungen als sehr nützlich erwiesen und werden bis heute sehr erfolgreich eingesetzt. Daher schauen wir uns diese im Kapitel 14.6 genauer an.

### Die Grundprinzipien des menschlichen Lernens

Dennoch übte das Geheimnis des menschlichen Lernens eine unwiderstehliche Anziehungskraft auf die wissenschaftliche Neugier aus. Neurowissenschaftler hatten schon in den 1950er-Jahren eine grundlegende Vorstellung davon, wie ein Neuron im Gehirn funktioniert. Donald O. Hebb legte 1949 die erste Theorie[2] der neuronalen Netze und der Grundprinzipien des Lernens in solchen Netzen vor. Hier ein kurzer Abriss:

Das Gehirn besteht aus bestimmten Zelltypen den sog. **Neuronen,** die auf eine bestimmte Weise miteinander verbunden sind. Greifen wir uns mal ein einzelnes Neuron heraus. Wir sehen einen großen Zellkörper, der über sehr viele fadenartige Fortsätze verfügt. Diese nennt man **Dendriten**. Eine der Ausstülpungen ist i.d.R viel länger als die anderen. Dieses nennt man **Axon**. An den Dendriten ist ein Neuron mit Hilfe sogenannter **Synapsen** mit den Axonen anderer Neuronen verbunden. Im Gegensatz zu den meisten anderen Zelltypen können Neuronen elektrisch aktiv sein und diese Aktivität mittels ihres Axons und den Synapsen an die Dendriten anderer Neuronen weitergeben. Ein Neuron integriert alle Signale, die es über seine Synapsen von anderen Neuronen empfängt. Sind diese Signale stark genug, dann wird es selbst aktiv und sendet ein Signal an seine nachfolgenden Neuronen.

Damit wird ein sogenanntes **Neuronales Netz** aufgebaut. Dieses Netz steht über Sensoren (u.a. die Retina unserer Augen) mit der Außenwelt in Kontakt, und das Netz kann gleichzeitig über Aktoren (u.a. die Muskelzellen unseres Körpers) Einfluss auf unsere Umwelt nehmen. Dazwischen bestimmen ungefähr 90 Milliarden Neuronen unser Denken, Fühlen und Handeln. Und jedes Neuron ist mit bis zu 10.000 anderen Neuronen verbunden.

### Häufigere Aktivierung stärkt die Verbindung

Grundsätzlich funktioniert Lernen in diesen neuronalen Netzen, indem jene Synapsen verstärkt werden, die häufig aktiviert sind. Dadurch können diese Synapsen in Zukunft leichter aktiviert werden. Und solche Synapsen, die nicht aktiviert werden, schwächen sich mit der Zeit ab. Donald Hebb drückte das 1949 so aus: »Neurons that fire together, wire together. «

---

2    Vgl. Hebb, Donald O.: The Organization of Behavior: A Neuropsychological Theory, Chapman & Hall, London: Chapman & Hall, 1949.

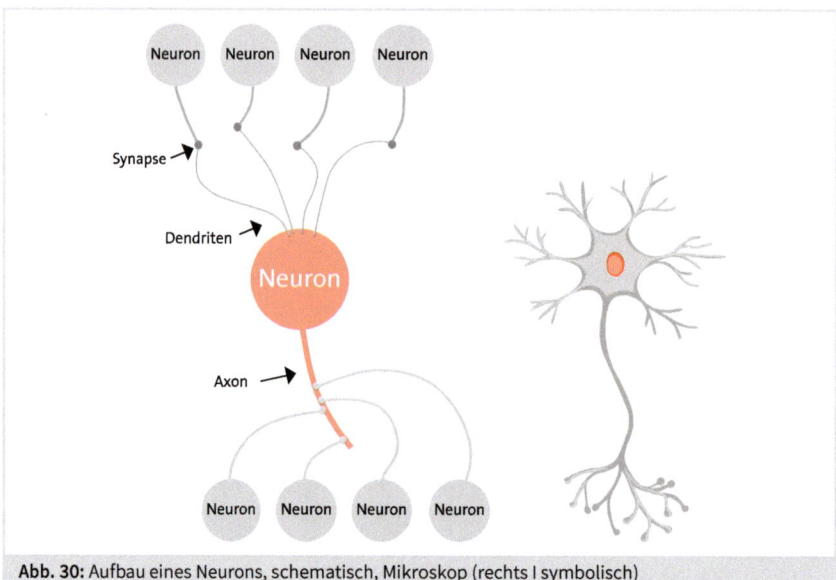

**Abb. 30:** Aufbau eines Neurons, schematisch, Mikroskop (rechts I symbolisch)

Mittlerweile haben die Neurowissenschaften sehr viel über die Funktionsweise der Neuronen und des Gehirns dazugelernt und dabei vor allen Dingen Bescheidenheit gelernt: Denn mittlerweile ist klar, dass das funktionale Modell der Synapsen noch sehr unscharf ist. Und die Vielfalt der Arten von Neuronen und deren Funktionen im menschlichen Körper ist noch sehr viel größer als wir ursprünglich dachten.

**Nachbildung der Funktionsweise in Programmen**
Dieses erste Modell des menschlichen Lernens ließ sich einfach mathematisch beschreiben. Also begannen Software-Entwickler schon bald nach Hebb's Veröffentlichung damit, diese Funktionsweise von Neuronen in Programmen nachzubilden. Die **Künstlichen Neuronalen Netze** (KNN) waren geboren.

Einer der Pioniere der KNN war der Psychologe Frank Rosenblatt. Er entwickelte das »Perceptron« und konnte damit schon Anfang der 1960er-Jahre erste Erfolge feiern. Und weil diese KI-Programme keine für uns Menschen verständlichen Symbole verarbeiteten, sondern ausschließlich Zahlen, nannte man diesen neuen Teil der KI »subsymbolisch«.

Leider konnten die Wissenschaftler Marvin Minsky und Seymour Papert in ihrem Buch »Perceptrons«[3] von 1969 zeigen, dass der Nutzen dieser frühen Neuronalen Netze sehr

---

3    Vgl. Minsky, Marvin/Seymour Papert/Leon Bottou: Perceptrons: Reissue of the 1988 Expanded Edition, 2. Aufl., Cambridge, Massachusetts: MIT Press, 2017.

begrenzt ist. Das anfänglich sehr breite Interesse ging daher zunächst stark zurück. Die Wissenschaft beschäftigte sich in den 1970er-Jahren überwiegend wieder mit symbolischer KI.

### Trainieren mehrlagiger neuronaler Netze

Nachdem sich aber auch die praktische Leistungsfähigkeit der Expertensysteme als sehr begrenzt herausstellte, wurde das Thema KNN in den 1980er-Jahren wieder hervorgeholt. Vor allem die Wiederentdeckung des Backpropagation-Algorithmus[4] zum Trainieren mehrlagiger neuronaler Netze löste dieses Comeback aus. Endlich war klar, dass man mit KNN prinzipiell sehr viele Anwendungen »trainieren« könnte. Leider wurde aber auch klar, dass man für das Training sehr viele Daten und sehr hohe Rechenkapazitäten benötigt, wesentlich mehr als man in den 1990er-Jahren zur Verfügung stellen konnte.

### Deep Learning

Daher dauert es noch bis in die 2010er-Jahre, bis KNN unter dem Schlagwort **Deep Learning** endgültig praktische Resultate vorweisen konnte. Jetzt waren endlich die Speicher und Rechenkapazitäten verfügbar, die man für das Training von großen neuronalen Netzen benötigt. Außerdem hatte die zunehmende Verbreitung der Internetdienste und die Digitalisierung von Prozessen in der Wirtschaft und der Wissenschaften inzwischen einen riesigen Bestand an interessanten Daten produziert, die nur darauf warteten, analysiert zu werden.

## 14.5 Überblick zu verschiedenen Arten des Lernens

Bevor wir ihnen die verschiedenen Verfahren des Machine Learning vorstellen, müssen wir zunächst noch klären, wie denn grundsätzlich eine Wissensbasis maschinell aufgebaut werden kann. Über die Rolle des »Lehrers« beim Lernen haben wir uns schon zuvor im Zusammenhang mit dem Periodensystem der KI Gedanken gemacht. Es stellt sich heraus, dass er eine entscheidende Rolle beim Maschinellen Lernen spielt. Je nachdem welche Rolle der Lehrer und die Umwelt spielt, können wir verschiedene Arten des Lernens unterscheiden.

---

4    Vgl. McClelland, James/David Rumelhart: Explorations in Parallel Distributed Processing:: A Handbook of Models, Programs, and Exercises/Software for IBM PC: A Handbook of Models, Programmes and Exercises, Cambridge, Massachusetts: MIT Press, 1988.

### 14.5.1   Supervised Learning

Beim Supervised Learning (Überwachtes Lernen) spielt der »Lehrer« eine besonders große Rolle.

**Trainingsset mit Beispielen für die korrekte Lösung**
Beim Supervised Learning erzeugt der Lehrer zunächst ein **Trainingsset** mit Beispielen und Gegenbeispielen für die korrekte Lösung eines Problems.

Beispiel: Will man in einem optischen Qualitätssicherungssystem überprüfen, ob ein Werkstück Fehler aufweist, dann sammelt man zunächst viele Bilder von fehlerbehafteten und fehlerfreien Werkstücken und lässt sie von einem Experten bewerten. Manchmal hat man sogar alternative (aber für die Praxis zu aufwändige) Messverfahren, die die Qualität eines jeden Beispiels eindeutig bestimmen können.

**Erzeugung eines Klassifikators**
Dieses Trainingsset an fehlerfreien und fehlerbehafteten Bildern nutzt der Machine-Learning-Algorithmus nun, um eine Software, einen sogenannten **Klassifikator**, zu erzeugen, der korrekt zwischen fehlerhaften und fehlerfreien Werkstücken unterscheidet.

**Testset zur Prüfung des Klassifikators**
Neben dem Trainingsset wird noch ein **Testset** erzeugt, das nicht zum Lernen verwendet wird. Mit dem Testset wird nach dem Lernen überprüft, wie gut der Klassifikator mit Werkstücken umgehen kann, die er nicht zuvor in der Trainingsphase gesehen hat.

**Gefahr des Auswendiglernens**
Denn ohne diesen Test kommt es bei vielen Lernalgorithmen sonst leicht zum Phänomen des **Overfitting**. Der Machine-Learning-Algorithmus lernt dabei einfach alle Beispiele »auswendig«. Er »erkennt« keine gemeinsame Struktur in den Daten. Daher sollten für Verfahren im Bereich des Supervised Learning immer auch Strategien gegen das Overfitting entwickelt werden.

Neben den oben erwähnten Klassifikatoren (»Ist das auf dem Bild eine Katze (ja/nein)?«) werden auch sogenannte **Regressionen** mit Supervised Learning trainiert. Bei einer Regression antwortet die KI nicht mit einer Klasse – Katze (ja/nein) – sondern mit einer Zahl. Also z. B.: Frage: »Wie hoch wird Schlusskurs der Apple-Aktie morgen an der NASDAQ sein?« Antwort: 143 USD.

**Supervised Learning in der Praxis oft aufwändig**
Alle Supervised Learning Verfahren haben gemeinsam, dass man für das Training Beispiele erzeugen und diese mit einem Expertenstandard bewerten muss. Die meisten Lernalgorithmen benötigen dafür sehr viele Beispiele. In vielen praktischen Anwen-

dungen ist das die entscheidende Hürde, denn oft ist es einfach zu aufwendig, solche Beispiele in ausreichender Menge zu erzeugen.

## 14.5.2 Unsupervised Learning

Das Unsupervised Learning (Unüberwachtes Lernen) benötigt keinen expliziten »Lehrer«. Hier schaut sich der Algorithmus an, ob bestimmte Strukturen in zu analysierenden Daten vorhanden sind und sich eventuell ähneln. Eine solche Struktur sind z. B. Gruppen von Ähnlichkeiten in den Trainingsbeispielen, sogenannte **Clusteranalysen**.

Beispiel: Stellen wir uns eine Gruppe von 10.000 Kunden vor, über die wir 50 verschiedene Eigenschaften kennen. Dank Webtracking, eCommerce und CRM-Systemen ist das heutzutage keine Seltenheit mehr. Die Marketingabteilung fragt sich jetzt, ob es deutlich abgrenzbare Gruppen in dieser Kundenbasis gibt. Mit dieser Information kann man dann Kundensegmente bilden und segmentspezifische Produkt- und Marketingstrategien aufstellen.

Hier helfen Clusteranalyseverfahren wie z. B. **k-Means**. Diesem kann man mitteilen, dass man eine Lösung für z. B. k=5 Cluster sucht und welche Definition von »Ähnlichkeit« basierend auf den 50 Parametern man gerne verwenden möchte. Dann gibt das Verfahren eine Lösung für 5 Cluster aus, bei dem die Ähnlichkeit aller Kunden innerhalb eines Clusters immer größer ist als mit Kunden außerhalb des Clusters. Da in einem solchen Fall nicht klar ist, welche Anzahl von Segmenten am meisten Sinn macht, wiederholt man das Verfahren für andere Werte von k, z. B. 3, 4 und 6 und entscheidet sich dann nach der Analyse für eines der Ergebnisse.

Ein anderes sehr häufig verwendetes Unsupervised-Learning-Verfahren sind die **Autoencoder**, die selbständig Strukturen in einem vorgegebenen Bild- oder Textmaterial erlernen können. Ebenfalls sehr erfolgreich sind **Generative Adversarial Networks** oder **GANs**, die hervorragende Ergebnisse in der Erzeugung von fotorealistischen Bildern und Videos erzielen, die in der Realität nicht existieren. Das hat leider auch zur Verbreitung von **Deep Fakes,** also Bilder und Videos mit fiktivem Inhalt, die aber von echtem Material nicht zu unterscheiden sind, beigetragen.

Da es sich bei diesen Verfahren um neuronale Netze handelt, werden wir uns diese im Abschnitt Neuronale Netz weiter unten genauer anschauen.

### 14.5.3   Self-Supervised Learning

Ein spezieller Fall des Unsupervised Learning ist das Self-Supervised Learning, das derzeit an Bedeutung gewinnt. Der Unterschied besteht darin, dass die Beispiele im Trainingsset teilweise verdeckt werden, damit die KI mit der Ergänzung dieser fehlenden Teile trainiert wird. Auf diese Weise muss man nicht aufwändig einzelne Beispiele für das Training durch Menschen klassifizieren lassen, sondern kann automatisch Teile des Inputs entfernen und damit eine fast beliebig große Trainingsmenge erzeugen.

Beispiel: Sehr gut funktioniert das mit Texten. Man schneidet den Text einfach nach ein paar Worten oder Sätzen ab und lässt das System lernen, den Rest des Textes zu ergänzen. Die Ergänzung vergleicht die KI anschließend mit dem originalen Text.

Damit hat z. B. **openAI** seine KI **GPT-3** erzeugt. GPT-3 hat dazu fast alle im Internet verfügbaren Texte zu lesen bekommen und dabei immer wieder abgebrochene Texte ergänzt. Danach hat das Modell sein eigenes Ergebnis mit dem echten Text verglichen. Anhand der Analyse der Abweichung hat sich das Modell angepasst und selbständig verbessert. Das Ergebnis zeigt erstaunliche Leistungen beim Erzeugen von Texten, z. B. bei der Beantwortung von Fragen. Da es sich auch hier um ein neuronales Netz, ein sog. **Transformer-Netzwerk** handelt, schauen wir uns das im Abschnitt über Künstliche Neuronale Netze (Kapitel 14.8.6) genauer an.

### 14.5.4   Reinforcement Learning

Ein weiteres relevantes Lernverfahren ist Reinforcement Learning (RL). Hier spielt der »Lehrer« wieder eine wichtige Rolle. Der Lehrer gibt jedoch – anders als beim Supervised Learning – keine lange Liste von bewerteten Beispielen zum Training vor. Stattdessen agiert die KI in einer definierten Umgebung und der Lehrer die Aktivitäten der KI direkt. Dieser Ansatz ist dann besonders nützlich, wenn sich – wie bei einem Spiel – der wünschenswerte Ausgang ganz leicht erkennen lässt (z. B. Spiel gewonnen). Theoretisch könne man das auch mit Supervised Learning lösen, aber die Menge der möglichen Spiele ist viel zu groß, um daraus Trainingsset zu erstellen. Um diese Herausforderung zu verdeutlichen: Es gibt ca. $10^{144}$ Backgammonspiele[5] – das ist eine 1 mit 144 Nullen –, also sehr viel mehr als die ca. $10^{90}$ Atome im Universum. Ähnlich ist das bei dem Erlernen von anderen praktischen Fähigkeiten: Zweibeiniges Laufen, Erfassen von beliebig geformten Gegenständen mit einer Roboterhand, usw. Ohne Reinforcement Learning wäre die Lösung dieser Herausforderungen praktisch unmöglich.

---

5   Vgl. Game complexity: in: Wikipedia, 28.05.2022, https://en.wikipedia.org/wiki/Game_complexity (abgerufen am 06.06.2022).

Daher gibt der »Lehrer« beim Reinforcement Learning nach einer gewissen Anzahl von Interaktionen, die die KI in ihrer Umgebung gemacht hat, eine Rückmeldung über den Erfolg: Spiel gewonnen. Oder: zweibeiniger Läufer ist hingefallen. Oder: Roboterhand hat den Gegenstand greifen können, ohne ihn zu zerquetschen. Dieses »Ergebnis« wird im RL als **Belohnung** (reward) interpretiert. Und weil ein RL-Algorithmus immer zum Ziel hat eine Handlungsstrategie zu erlernen, verbessert er sich durch diese Belohnungen.

Ein entscheidender Vorteil von RL ist, dass sich viele Anwendungen in **Simulationsumgebungen** trainieren lassen. Das Training kann also virtualisiert werden. Das gilt natürlich für jede Art von Computerspiel, aber auch zum Trainieren von Umgebungen für autonome Fahrzeuge. Die Vorteile sind offensichtlich: In der Frühphase des Trainings macht eine KI noch viele fatale Fehler, die man in einer realen Umgebung selbstverständlich nicht tolerieren kann. Außerdem ist es oft sehr schwierig in der Realität genug Beispiele für Ausnahmesituationen zu generieren, um der KI das richtige Verhalten in kritischen Situationen beizubringen. Daher trainieren praktisch alle Hersteller von autonomen Fahrzeugen ihre KI weitaus häufiger in der Simulationsumgebung als in der Realität[6].

KI-Systeme, die auf Reinforcement Learning basieren, sind sehr erfolgreich in vielen praktischen Anwendungen. Sie haben den Weltmeister im Spiel Go geschlagen[7], sie stecken in allen verfügbaren Fahrerunterstützungssystemen für Autos und sie ermöglichen humanoiden Robotern eben auf zwei Beinen zu laufen – und sogar einen Rückwärtssalto auszuführen[8]. Vor allem die Anwendungen in der Robotik sind hier entscheidend für den breiteren Einsatz von autonomen Maschinen, die mit Menschen eng zusammenarbeiten sollen.

## 14.6   Nichtneuronale Lernverfahren

Nichtneuronale Lernverfahren sind heute noch die eigentlichen Arbeitspferde des Machine Learning. Im Gegensatz zu ihren glamourösen Verwandten, den neuronalen Netzen, stehen sie selten im Rampenlicht. Wir greifen die hier die beiden fleißigsten Vertreter heraus und betrachten sie genauer.

---

6   Vgl. Off road, but not offline: How simulation helps advance our Waymo Driver: in: Waypoint – The official Waymo blog:, o. D., https://blog.waymo.com/2020/04/off-road-but-not-offline--simulation27.html (abgerufen am 06.06.2022).

7   Vgl. AlphaGo: in: Deepmind, 2021, https://www.deepmind.com/research/highlighted-research/alphago (abgerufen am 06.06.2022).

8   Vgl. Boston Dynamics: What's new, Atlas? in: YouTube, 16.11.2017, https://www.youtube.com/watch?v=fRj34o4hN4I (abgerufen am 06.06.2022).

### 14.6.1   Decision trees

Alle Entscheidungen, die eine Software treffen kann, werden traditionell durch »Wenn-Dann-Konstruktionen« abgebildet. Das ist derart wichtig, dass praktisch jede Programmiersprache dafür Befehle vorsieht – meistens eine Variation von »IF this«, »THEN that ELSE« oder »Something_Else«. Wird die Entscheidungslogik komplex, dann müssen solche Konstrukte auch ineinander geschachtelt werden. Und schon haben wir einen **Entscheidungsbaum** (Decision Tree). Soweit also nichts Weltbewegendes, wenn man alle die Entscheidungen kennt und in logischer Form ausdrücken kann.

Wenn das aber nicht geht, dann kann man Decision Trees auch mit Hilfe von Lernverfahren aus Beispielen konstruieren.

Beispiel: Will man wissen, bei welchen Kunden das Kreditausfallrisiko besonders hoch ist, dann kann eine Bank für jeden Kunden einen Datensatz mit Eigenschaften zusammenstellen, die sie in ihren Systemen gespeichert hat. Außerdem kann sie Beispiele von Kunden angeben, bei denen ein Kredit ausgefallen ist, und solche die den Kredit ohne Störung zurückgezahlt haben. Daraus kann ein Lernalgorithmus einen Decision Tree konstruieren, der dann auf neue Kunden angewendet wird und eine Aussage über deren Kreditwürdigkeit macht. Unternehmen wie die SCHUFA in Deutschland oder FICO in USA nutzen dieses Verfahren.

Nachteile: Leider haben die meisten Lernverfahren für Decision Trees eine ganze Reihe von Nachteilen wie z. B. Overfitting (siehe oben) oder **Bias**. Bias entsteht, wenn einzelnen Eigenschaften zu viel Einfluss auf die Entscheidung gegeben wird, die dadurch weniger »repräsentativ« ausfällt. Außerdem haben manche Algorithmen Probleme damit, eine stabile Lösung zu finden, und wandern unentschlossen zwischen mehreren Lösungen hin und her. Um diese Probleme einzugrenzen, benutzt man heute Verfahren wie **Random Forests** oder **Gradient Boosting**[9] ein.

Vorteil: Ein Vorteil von Decision Trees ist, dass man – zumindest theoretisch – die Entscheidung einer solchen KI-Lösung hundertprozentig nachvollziehen kann. Das ist vor allem in Bereichen wichtig, in denen man erklären muss, wie die KI zu einer Entscheidung gekommen ist. Ist der Decision Tree aber sehr groß (z. B. mit über hundert Entscheidungen), dann ist dieser Vorteil in der Praxis nicht mehr realisierbar.

---

[9]   Vgl. Lok, Leon: Decision Trees, Random Forests, and Gradient Boosting: What's the Difference?, in: Medium: Towards data science, 08.01.2022, https://towardsdatascience.com/decision-trees-random-forests-and-gradient-boosting-whats-the-difference-ae435cbb67ad (abgerufen am 06.06.2022).

## 14.6.2    Naive Bayes Klassifikator

Der Naive Bayes Klassifikator ist ein weit verbreitetes Lernverfahren. Es verwendet die Bayessche Statistik, um aus Beispielen über einen Zusammenhang einen Klassifikator zu berechnen. Ein typisches Supervised Learning Verfahren.

Die »Bayessche Statistik« geht auf den englischen Mathematiker Thomas Bayes aus dem 18. Jahrhundert zurück. Bayes hat als Erster darüber nachgedacht, wie man ein statistisches Modell der Wirklichkeit durch aus Experimenten gewonnenen Erkenntnissen schrittweise verbessern kann. Ein bekanntes und im Jahr 2022 hoch relevantes Beispiel aus der Praxis sind medizinische Tests.

Beispiel: Nehmen wir also an, sie wollen wissen, ob Sie an Covid-19 erkrankt sind. Sie führen einen handelsüblichen Schnelltest auf Covid-19 durch. Der Test fällt positiv aus. Wie hoch ist die Wahrscheinlichkeit, dass Sie tatsächlich an Covid-19 erkrankt sind? Mit Hilfe der bayesschen Statistik und dem **Satz von Bayes**[10] können sie die Frage beantworten. Sie stellt nämlich einen Zusammenhang her zwischen der Wahrscheinlichkeit eines Ergebnisses (sind Sie an Covid erkrankt) vor einem Ereignis (Durchführung eines Schnelltests) und der Wahrscheinlichkeit des Ergebnisses nach diesem Ereignis her.

Dabei kommt es regelmäßig zu unerwarteten Ergebnissen: Vor dem Schnelltest ist die Wahrscheinlichkeit an Covid erkrankt zu sein auf der Höhe der Omikronwelle in 2022 in Deutschland ca. 4 Prozent (denn 4 Prozent aller Menschen sind an einem Zeitpunkt gerade an Covid erkrankt). Der Test hat eine Genauigkeit von 97 Prozent. Dann ist nach dem Test die Wahrscheinlichkeit tatsächlich an Covid erkrankt zu sein ca. 57 Prozent (und nicht etwa 97 Prozent, wie die meisten Menschen erwarten). Durch den Test wird die Wahrscheinlichkeit einer Covid-Erkrankung also von 4 Prozent auf 57 Prozent erhöht und der Satz von Bayes ermöglicht die Berechnung.

### Und wie wird daraus jetzt ein Klassifikator?

Nehmen wir an, wir wollen einen Spamfilter für E-Mails bauen. Dann brauchen wir einen Klassifikator, der Spam-E-Mails von Nicht-Spam-E-Mails unterscheiden kann. Dazu besorgen wir uns eine Reihe von E-Mails, sagen wir mal 1.000, von denen wir z. B. 215 als Spam erkennen und klassifizieren und den Rest als o.k. Zusätzlich fertigen wir für alle Worte, die in den E-Mails vorkommen eine Statistik an, wie häufig sie in der Klasse Spam und der Klasse o.k. vorkommen. Damit ist unser Modell schon fertig.

---

10   Vgl. Königstorfer, Markus: Satz von Bayes: Beispiel und Anwendung, in: NOVUSTAT | Statistik Service, 16.05.2022, https://novustat.com/statistik-blog/satz-von-bayes-beispiel-und-anwendung.html (abgerufen am 06.06.2022).

Trifft jetzt eine neue E-Mail ein, dann berechnen wir die Wahrscheinlichkeit, dass es sich um eine Spam-E-Mail handelt mit dem Satz von Bayes, indem wir die Wahrscheinlichkeit jedes Wortes in unserer Mail in der Spam-Statistik-Tabelle nachschauen und miteinander Multiplizieren. Dasselbe machen wir nochmal mit der o.k.-Statistik Tabelle und ermitteln so die Wahrscheinlichkeit, dass es sich um eine o.k.-E-Mail handelt. Wir entscheiden uns dann ganz einfach für die Klasse mit der höheren Wahrscheinlichkeit.

Das tolle an dem Verfahren ist, dass sich die Statistiken jederzeit ganz einfach aktualisieren lassen (z. B. wenn Sie manuell eine E-Mail in den Spamordner schieben, oder eine daraus wieder hervorholen) und dass das Verfahren schon mit wenigen Beispielen in der Praxis gut genug funktioniert. Voraussetzung ist allerdings, dass die Variablen der Statistiken (hier die Worte) voneinander unabhängig in Bezug auf die Klasse sind. Daher heißt der Klassifikator auch »naiv«.

Obwohl das häufig nicht der Fall ist, liefert der Naive Bayes Klassifikator oft erstaunlich gute Ergebnisse. Daher gehört er zu den am häufigsten verwendeten Machine Learning Verfahren überhaupt. Damit werden in der Praxis nicht nur echte Spam-Filter gebaut, sondern z. B. auch die Tonalität (negativ, neutral positiv) von Social Media Posts ermittelt und Schadensmeldungen bei Versicherungen auf Betrug überprüft.

## 14.7   Künstliche Neuronale Netze (KNN)

Die Künstlich Neuronalen Netzen (KNN) sind die Stars des aktuellen KI-Hypes. Mit KNN wurden viele Anwendungen alltäglich, die vor 15 Jahren fast undenkbar waren.

Beispiel: **Spracherkennung** war in den 1990er-Jahren noch holprigen Diktiersystemen für Mediziner oder Juristen vorbehalten. Heute haben wir oft gleich mehrere Spracherkennungssysteme in unseren Alltag integriert. Sie laufen auf Smartphones und in Autos oder stehen als kleine Kiste im Wohnzimmer oder der Küche. Diese Innovationen wurden nur durch die Einführung neuronaler Netze und den Deep Learning Verfahren Anfang der 2010er-Jahre möglich.

Ebenso wie die automatische **Gesichtserkennung** in den Fotoapps unserer Smartphones: Sie erkennt z. B. unsere Kinder in den tausenden von Bildern, die wir im Laufe der Jahre von ihnen gemacht haben und lässt sich dabei nicht einmal durch die Veränderungen ihres Aussehens im Laufe der Jahre aus dem Konzept bringen. All das ist durch Neuronale Netze mit Hilfe von Deep Learning möglich. Schauen wir uns also an, wie ein solches Neuronales Netz funktioniert und wie das Training für ein solches Netz abläuft.

### 14.7.1    Strukturelemente von neuronalen Netzen

Ein Künstliches Neuronales Netz (KNN) ist eine Software, die ein Netzwerk aus Neuronen verarbeitet. Ein künstliches Neuron ist ein Verarbeitungselement mit vielen Inputsignalen, denen jeweils ein sogenanntes **Gewicht** zugeordnet ist. Die Inputsignale werden mit den Gewichten multipliziert und dann einfach addiert. Das Ergebnis wird einer Aktivierungsfunktion zugeführt. Diese ermittelt daraus die Aktivierung, deren Wert üblicherweise zwischen -1 und +1 liegt. Diese Aktivierung wird als Outputsignal weitergegeben.

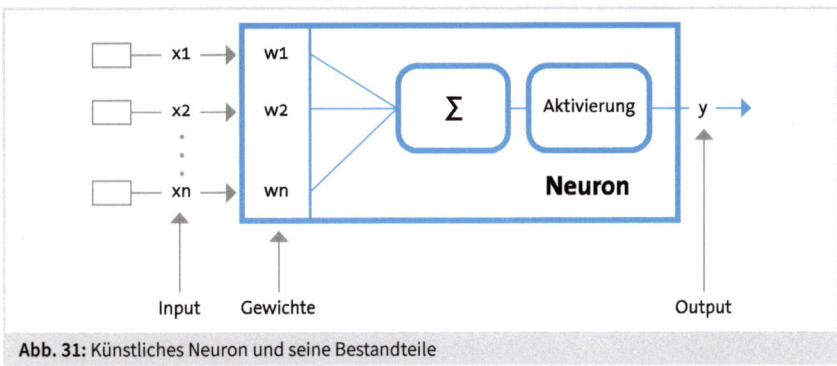

**Abb. 31:** Künstliches Neuron und seine Bestandteile

Mit Hilfe eines Lernverfahrens – Details dazu siehe etwas weiter unten – werden nun die Gewichte eines Neurons so eingestellt, dass das Outputsignal einen gewünschten Wert bei gegebenen Inputsignalen annimmt. Die Gewichte repräsentieren also die Wissensbasis eines Neuronalen Netzes.

Beispiel: Angenommen wir könnten 10 verschiedene Eigenschaften eines potenziellen Kunden angeben, und wir würden als Outputsignal einen Wert erhalten, der angibt, ob der Kunde ein neues Produkt kaufen würde. Wenn wir also genug Beispiele von Kunden haben, die das Produkt gekauft haben, und zudem nochmal so viele, die das Produkt *nicht* gekauft haben, dann können wir die Gewichte des Neurons so einstellen, dass sinnvolle Werte als Outputsignal geliefert werden. Ein solches Neuron können wir also nutzen, um zu entscheiden, ob man einem Kunden ein spezielles neues Produkt vorstellt, oder besser nicht. (in Kapitel 7.6 »KI in Marketing und Vertrieb« beschreiben wir solche Anwendungsfälle und ihren operativen Nutzen).

Schnell wird man jedoch feststellen, dass ein einzelnes Neuron nur in ganz wenigen praktischen Fällen ein sinnvolles Ergebnis liefern kann. Um dieses Problem zu lösen, schaltet man in der Praxis viele dieser Neuronen zu Netzwerken zusammen. In einem solchen Netzwerk werden nur noch wenige Neuronen mit der Außenwelt verbunden. Diese sind im sogenannten **Input Layer** gruppiert, wenn ihr Input von außen kommt – oder im **Output Layer**, wenn sie ihren Output an die Außenwelt weitergeben. Die meisten Neuronen sind jetzt mit anderen Neuronen verknüpft und geben ihr Outputsignal als Inputsignal für andere Neuronen weiter. Neuronen, die nicht mit der Außenwelt verbunden sind, werden meist mehreren sogenannten **Hidden Layern** zusammengefasst. Das Ganze nennt man dann **Multi Layer Perceptron (MLP)**.

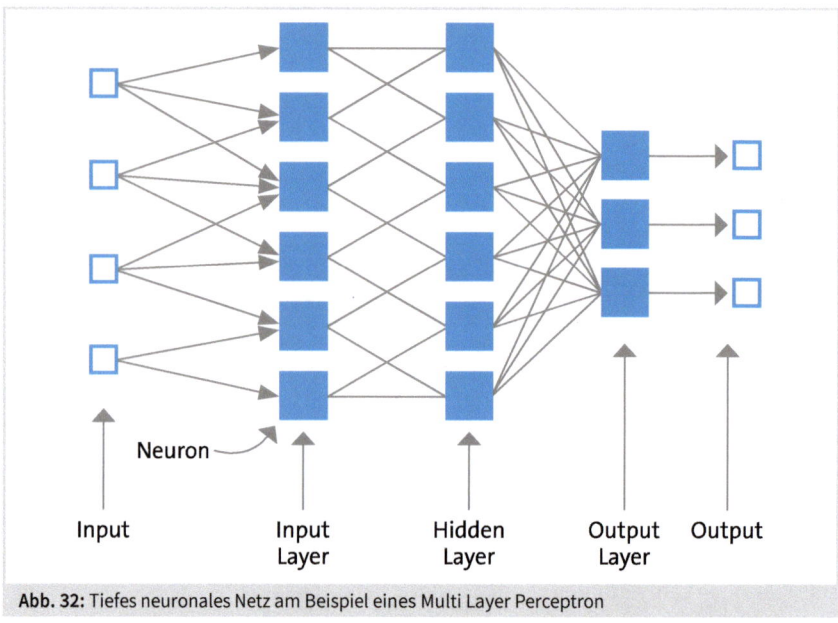

**Abb. 32:** Tiefes neuronales Netz am Beispiel eines Multi Layer Perceptron

Wie sich herausgestellt hat, kann man mit diesen sogenannten **Tiefen Neuronalen Netzen** (deep neural networks) all die erstaunlichen Funktionen zur Verfügung stellen, die wir oben schon erwähnt haben. Die Bezeichnung »tief« stammt daher, dass man zunächst nur Netze untersucht hatte, die nur einen Hidden Layer hatten, also recht »flach« waren. Erst als man verstanden hatte, wie man Netze mit mehr als einer verdeckten Schicht trainiert, eröffneten sich all die neuen Anwendungsmöglichkeiten von Tiefen Neuronalen Netzen, die wir heute so selbstverständlich nutzen.

Aus diesen Strukturelementen eines Neuronalen Netzes ergeben sich jetzt fast automatisch drei Fragen für den praktischen Einsatz, die in den folgenden drei Unterkapiteln behandelt werden.

### 14.7.2 Wie neuronale Netze gestaltet werden können

Bei tiefen Neuronalen Netzen haben wir sehr viele Möglichkeiten die **Netzarchitektur** zu gestalten. Folgende Fragen stellen sich: Wie viele Schichten soll das Netz haben? Wie viele Neuronen sollen in jeder Schicht sein? Wie ist eine Schicht mit der vorigen

Schicht verbunden? Sind z. B. alle Neuronen einer Schicht mit allen vorigen verbunden oder nur jeweils ein Teil? Wenn nur ein Teil der Neuronen verbunden werden soll, wie werden diese Neuronen ausgewählt? Welche Aktivierungsfunktion sollen die vielen Neuronen verwenden?[11]

Da ein großes Netz leicht über hundert Schichten und mehrere Millionen Neuronen haben kann, gibt es extrem viele Möglichkeiten, das neuronale Netz zu gestalten.

### 14.7.3   Wie die erforderliche Rechenleistung zur Verfügung gestellt werden kann

Schon in den 1960er-Jahren war klar, dass die Anzahl der Neuronen und die Anzahl der Schichten in einem Neuronalen Netz die Leistungsfähigkeit solcher Netze wesentlich beeinflussen. Leider war auch schnell klar, dass die notwendigen Computerressourcen dafür nicht zur Verfügung stehen. Noch Anfang der 1990er-Jahre waren ein paar hundert Neuronen das praktische Maximum – wenn man keinen Großrechner zur Verfügung hatte. Mit Beginn der 2000er-Jahre haben die Grafikkarten mit sogenannten **Graphics Processing Units** (GPU) Einzug in die Forschung zu neuronalen Netzen gehalten. Man hatte erkannt, dass die Hardwarearchitektur einer Grafikkarte, die für das sehr schnelle Berechnen von Zahlenlisten (z. B. Vektoren) und Zahlentabellen (z. B. Matrizen) optimiert sind, die man zur Darstellung einer Computergrafik benötigt, auch hervorragend für die Berechnung von Neuronalen Netzen geeignet sind, da diese ebenfalls sehr viele Vektor- und Matrixoperationen benötigen.

Schnell haben die Hersteller von Grafikkarten das Potenzial erkannt und angefangen, spezielle Versionen der GPUs für die Berechnung von neuronalen Netzen herzustellen. Heute kann man diese Leistung ganz einfach in der Cloud beziehen, indem man den Service bei einer der großen Plattformanbieter bucht. Und sofort können Netze mit mehreren Millionen Neuronen und hunderten von Schichten trainiert werden.

### 14.7.4   Wie neuronale Netze trainiert werden

Für alle Machine-Learning-Verfahren ist das Thema, wie das Training der KI funktioniert, zentral. Bei Neuronalen Netzen stellt das jedoch eine besondere Herausforderung dar. Generell kann man sagen, je größer und tiefer das Netz wird, desto schwieriger das Training. Woran liegt das?

---

11   Vgl. Norvig, Peter/Stuart Russell: Artificial Intelligence: A Modern Approach, Global Edition: S. 803ff, 4., Harlow, UK: Pearson, 2021.

Neuronale Netze lernen – wie zuvor schon erläutert –, indem das Wissen, das in Form von Beispielen der Reihe nach an den Inputneuronen angelegt wird, in den Gewichten seiner Neuronen gespeichert wird. Ein Lernverfahren muss also dem Netz ein Beispiel zeigen, seine Reaktion basierend auf der aktuellen Wissensbasis (d. h. den Gewichten) ausrechnen und dann die Reaktion des Netzes mit der richtigen Antwort aus dem Beispiel vergleichen. Am Anfang des Lernprozesses sind diese Antworten selbstverständlich fast alle falsch. Die Aufgabe ist durch das Training die Gewichte so zu korrigieren, dass das neuronale Netz die richtige Antwort geben kann. Genau diese Anpassung der Gewichte ist aber für KI-Forscher bis heute eine Herausforderung.

Glücklicherweise wurden mittlerweile etliche brauchbare Lernverfahren entwickelt[12]. Das Problem ist dennoch nicht völlig gelöst. Insbesondere haben diese Lernverfahren für Neuronale Netze sogenannte **Hyperparameter,** die oft noch durch Experimentieren so eingestellt werden müssen, dass die geplante Anwendung funktioniert. Diese Fähigkeit, neben einer geeigneten Netzarchitektur auch die richtigen Hyperparameter zu finden wird daher weniger als wissenschaftlich begründbar denn als Tüftelei betrachtet, die von der Intuition der jeweiligen Experten und Expertinnen abhängt. In diesem Bereich wird KI den Menschen wohl noch nicht so schnell die Arbeit abnehmen können, und das, obwohl es sich um einen rein kognitiven Wertbeitrag handelt.

## 14.8   Die 6 wichtigsten Architekturen und Lernverfahren für neuronale Netze

Im Folgenden stellen wir Ihnen die wichtigsten Architekturen für neuronale Netze und die dazu passenden Lernverfahren vor.

### 14.8.1   Deep Learning

Deep Learning ist aktuell der absolute Rockstar unter den Lernverfahren. Google Scholar listet 1,4 Millionen Erwähnungen von Deep Learning (Im Vergleich zu 2 Millionen für »Neuronale Netze« in der allgemeinen Googlesuche). Amazon listet über 750 Bücher im Katalog zu dem Thema in der Kategorie »Science and Math«. Hinzu kommen ein paar Tausend Videos bei Youtube und unzählige Onlinekurse. Es gibt wahrscheinlich nur noch wenige Bereiche, in denen noch nicht der Versuch unternommen wurde, ein Problem mit Deep Learning zu lösen.

---

12   Vgl. Vanishing gradient problem: in: Wikipedia, 08.04.2022, https://en.wikipedia.org/wiki/Vanishing_gradient_problem (abgerufen am 06.06.2022).

Was wir unter Deep Learning verstehen, repräsentiert eine ganze Gruppe von Lernverfahren. Alle diese Verfahren werden eingesetzt, um tiefe neuronale Netze zu trainieren. Daher auch der Name Deep Learning. Eine wichtige Rolle spielen dabei die in Kapitel 14.7.1 erwähnten Multi-Layer Perceptrons (MLP). Sie sind ein Beispiel für eine **Feed Forward-Architektur.** Bei dieser Architektur sind die Neuronen in Schichten angeordnet. Zusätzlich sind die Neuronen einer Schicht immer nur mit Neuronen der nachfolgenden Schicht verbunden, aber niemals mit Neuronen aus vorherigen Schichten. Damit gibt es keine Schleifen im Netzwerk und die Information wird immer nur »vorwärts« weitergeleitet.

Diese Grundarchitektur wird oft zur Analyse von Bildern, Tönen und anderen Signalen verwendet. Sie ist nämlich immer dann wirksam, wenn ein menschlicher Experte mittels seiner kognitiven Fähigkeiten ein Bild, Ton oder Signal leicht erkennen und klassifizieren kann.

Beispiele für leicht erkenn- und klassifizierbare Signale:
- Das Werkstück enthält einen Fehler vom Typ »Kratzer«.
- In dem Bild befindet sich ein Gesicht von Andreas Maier an einer bestimmten Stelle, die durch eine Box markiert ist.
- Das Geräusch weist auf einen Lagerschaden hin.
- Die Kurve des EKG lässt auf ein Vorhofflimmern im Herzen schließen.

Je nach Anwendung braucht es aber sehr unterschiedliche Netzarchitekturen (Anzahl Neuronen und Layer, Verschaltung der Layer …), von denen wir die wichtigsten im Folgenden vorstellen.

### 14.8.2   Residual Networks (ResNet)

Neuronale Netze mit vielen Schichten lassen sich nur schwer trainieren. Das liegt daran, dass die Information zu einem Fehler, der in der Outputschicht festgestellt wird, rückwärts durch jede einzelne Schicht transportiert werden muss, um dabei die Gewichte der Neuronen anzupassen. (Der Algorithmus, der dafür zuständig ist, heißt daher Backpropagation). Um jedoch nicht zu riskieren, dass das Lernverfahren keine Lösung findet, muss die Anpassung der Gewichte in jeder weiteren Schicht verkleinert werden. Daher ist bereits nach wenigen Schichten das Signal so schwach, sodass eine sinnvolle Anpassung der Gewichte nicht mehr möglich ist.[13] Will man also MLPs mit vielen Schichten, z. B. mit 20 oder mehr Schichten bauen, muss dieses Problem zuerst behoben werden.

---

13   Vgl. Vanishing gradient problem: in: Wikipedia, 08.04.2022, https://en.wikipedia.org/wiki/Vanishing_gradient_problem (abgerufen am 06.06.2022).

Eine Idee, das Problem zu lösen, ist durch die Biologie motiviert, und wird in den **Residual Networks (ResNet)** realisiert. Bei der Untersuchung des visuellen Kortex von Säugetieren, wo die Informationen der Augen verarbeitet werden, ist aufgefallen, dass der visuelle Kortext zwar in Schichten aufgebaut ist, die Schichten aber nicht immer nur mit der nächsten Schicht verbunden sind, sondern auch einzelne Schichten überspringen. Diese Architektur ist in ResNets umgesetzt. Hier werden die Outputs eines Layers nicht nur mit dem nächsten, sondern auch mit dem übernächsten Layer verbunden.

Eine besondere Form der ResNets sind die sog. **Dense Networks**, bei dem der Output eines Layers nicht nur mit der nächsten, sondern mit allen folgenden Schichten verbunden ist.[14]

Anwendung: ResNets und seine Weiterentwicklungen werden bis heute vor allem in der Bildverarbeitung erfolgreich angewendet.

### 14.8.3    Convolutional Neural Networks (CNN)

Eine weitere Netzarchitektur, die durch die Biologie motiviert wurde, sind die sogenannten **Convolutional Neural Networks** (CNN). Wieder wird eine Eigenschaft des visuellen Kortex von Säugetieren genutzt, die man bei der Analyse der Verarbeitungsschichten im visuellen Kortex gemacht hat. Die Neuronen einer Schicht sind entsprechend nicht einfach mit allen Neuronen der vorigen Schicht verbunden, sondern nur mit einem sehr kleinen Teil, der einen Ausschnitt des Bildes repräsentiert, das sog. rezeptive Feld.

Auf diese Weise kann ein solcher Convolution Layer lokale Muster eines Bildes wie z. B. horizontale und vertikale Kanten abbilden. Auf diesem Layer kann dann eine weiterer Convolution Layer komplexere Muster repräsentieren, z. B. Elemente von Buchstaben wie Ecken oder Bögen. Dies kann man immer weiter wiederholen, um immer komplexere Objekte wie z. B. ein spezielles Gesicht in einer Menge oder einen Kratzer auf einem Werkstück abzubilden. Am Ende wird dann im letzten Layer eine Abbildung auf die Klassen durchgeführt, die man erkennen möchte.[15],[16]

14   Vgl. He, Kaiming/Xiangyu Zhang/Shaoqing Ren/Jian Sun: Deep Residual Learning for Image Recognition, in: 2016 IEEE Conference on Computer Vision and Pattern Recognition (CVPR), 2016, doi:10.1109/cvpr.2016.90.

15   Vgl. Nayak, Sunita: Understanding AlexNet | LearnOpenCV #, in: LearnOpenCV, 05.05.2021, https://learnopencv.com/understanding-alexnet/ (abgerufen am 05.06.2022).

16   Vgl. Krizhevsky, Alex/Ilya Sutskever/Geoffrey E. Hinton: ImageNet classification with deep convolutional neural networks, in: Communications of the ACM, Bd. 60, Nr. 6, 2017, doi:10.1145/3065386.

Anwendung: CNNs sind in der Anwendung weit verbreitet. z. B. nutzt fast jede Gesichtserkennungssoftware heute CNNs. Neben der Bildverarbeitung werden CNNs auch in der Spracherkennung und bei der Analyse von Audiosignalen verwendet.

### 14.8.4   Generative Adversarial Networks (GAN)

Bei »Deep Fakes« geht es um die Erzeugung von hyperrealistischen Bildern und Videos, die keinen realen Bezug haben, sondern zu 100 Prozent konstruiert sind. Solche Deep Fakes sind mittlerweile so realistisch, dass es nicht möglich ist, den Betrug mit bloßem Auge zu erkennen.

Beispiel: In einem Deep Fake wurde der Hauptdarsteller des Films Matrix, Keanu Reeves, mittels Bearbeitung der Daten durch ein GAN, durch Will Smith ersetzt[17]. Das Beispiel mag das spaßige Ende der Möglichkeiten illustrieren, man mag sich jedoch kaum ein solches Werkzeug in den Händen von autoritären Machthabern vorstellen. Leider müssen wir aktuell genau davon ausgehen.

Die Technologie dahinter, die **Generative Adversarial Networks (GAN)**, ist frei verfügbar. Die Architektur von GANs verwendet Deep Learning besteht jedoch gleich aus zwei tiefen Neuronalen Netzen: einem **Generator** und einem **Diskriminator**.

Der Generator hat die Aufgabe Bilder zu generieren, die so gut sind, dass der Diskriminator sie nicht von echten Bildern, die als (Trainings-)Beispiele vorliegen, unterscheiden kann. Jedes Mal, wenn dem Diskriminator die Unterscheidung gelingt, bekommt der Generator eine Strafe und versucht sich zu verbessern. Das Spiel wird so lange fortgesetzt, bis der Diskriminator die künstlich erzeugten Bilder nicht mehr von den echten unterscheiden kann. Danach kann man den Generator neue Bilder erzeugen lassen, die vom Original nicht mehr unterscheidbar sind. Und das funktioniert, wie das Beispiel oben zeigt, auch mit Videos.

Natürlich gibt es auch »sinnvolle« Einsatzmöglichkeiten. So können Bilder aus Texten generiert, oder textuelle Bildbeschreibungen aus Bildern erstellt werden. Oder ein Bild oder Video kann in einen anderen Stil überführt werden (sog. Style Transfers). Sie brauchen ein Stockfoto einer Person für ihre Werbekampagne? Dann generieren sie das doch eines mithilfe eines GANs, anstatt aufwendig eines zu fotografieren.

---

17   Vgl. Will Smith as Neo in The Matrix [DeepFake]: in: YouTube, 03.09.2019, https://www.youtube.com/watch?v=1h-yy3h1u04 (abgerufen am 05.06.2022).

Beispiel: Wie mittels GAN entwickelte Personen aussehen, das zeigt die Website thispersondoesnotexist.com[18]

Anwendung: Die kreativen Möglichkeiten für Künstler und Marketeers, nicht nur in der Spieleindustrie, sind dadurch wieder sehr viel größer geworden[19]

### 14.8.5    Recurrent Neural Networks (RNN)

Die bisher dargestellten Architekturen repräsentieren alle Feed-Forward Networks. Sie werden erfolgreich angewendet in der Bildverarbeitung und in der Klassifikation von Mustern: Ist auf dem Bild eine Katze? Hat das Werkstück einen Fehler? Diese Aufgaben haben alle eines gemeinsam: Format und Größe der Input- und der Outputvariablen sind konstant. Damit kann man die Inputlayer und die Outputlayer eines Neuronalen Netzes leicht an die Aufgabenstellung anpassen.

**Input- und Outputvariablen *nicht* konstant**
Was aber tun, wenn man ein Problem lösen will, bei dem Format und Größe der Input- und Outputvariablen *nicht* konstant sind?

Das ist z. B. maschinellen Übersetzung der Fall, und auch bei vielen weiteren Anwendungsgebieten von **Natural Language Processing (NLP)** und **Natural Language Understanding (NLU).**

Beispiel: Bei der maschinellen Übersetzung, einem der wichtigsten Anwendungen der NLP, muss eine Sequenz von Wörtern z. B. für einen Satz in der Ausgangssprache in eine neue Sequenz von Wörtern in einer Zielsprache übersetzt werden. Die Anzahl der Wörter ist bei einer guten Übersetzung variabel. Und eine gute Übersetzung gelingt selten, indem Wörter 1 zu 1 übertragen werden, wie man sich anhand der folgenden, sehr einfachen Übersetzung vom Deutschen ins Englische überzeugen kann:

| Wenn das Wetter schön ist, dann gehen wir morgen ins Schwimmbad. |
| --- |
| If the weather is nice, we'll go to the pool tomorrow. |

---

18   Vgl. This Person Does Not Exist: in: This Person does not exist, o. D., https://www.thispersondoesnotexist. com/ (abgerufen am 05.06.2022).
19   Vgl. Zsolnai-Fehér, Károly: NVIDIA's GANCraft AI: Feels Like Magic!, in: YouTube, 07.07.2021, https://www. youtube.com/watch?v=jl0XCslxwB0 (abgerufen am 05.06.2022).

**Recurrent Neural Networks bilden eine Schleife**

Wenn ein neuronales Netz dafür eine Lösung lernen soll, dann kann es keine fixen In-
put- und Outputlayer haben. Genau dafür sind Recurrent Neural Networks (RNN) gemacht. Das ist zunächst einmal ein übliches tiefes Neuronales Netz. Zur Vereinfachung
nehmen wir an, dass das Netz nur einen Hidden Layer hat – mit einem entscheidenden
Unterschied: Bei einem RNN werden die Outputs der Neuronen des Hidden Layer nicht
nur mit den Neuronen des Outputlayers, sondern auch mit sich selbst verbunden. Sie
bilden also eine Schleife. Als Input nimmt ein solches Netz Worte an[20] und gibt wiederum Worte aus. Nehmen wir nun an, ein solches Netz sei auf die deutsche Sprache
trainiert worden. Die Verarbeitung eines Satzes erfolgt dann Wort für Wort in mehreren Schritten:

Beispiel: Zunächst kommt das Wort »Wenn« an den Input. Damit wird ein Output erzeugt, der hier aber noch nicht interessant ist. Wichtig ist, dass im nächsten Schritt
nicht nur das Wort »das« an den Input kommt, sondern zudem der Output der Neuronen des Hidden Layers über einen eigenen Input zugeschaltet wird. Das geht jetzt immer so weiter, bis das Ende des Satzes erreicht ist.

Dann wird der Output der Neuronen des Hidden Layers als Input an ein weiteres RNN
weitergeleitet, das zuvor mit den Wörtern der englischen Sprache trainiert wurde. Dieser Output hat im ersten Teil des Verfahrens alle Wörter verarbeitet und repräsentiert
diese Wortfolge nun in einer Folge von Zahlen. Jetzt wird das neue RNN immer einen
Schritt weitergeschaltet und gibt dabei in jedem Schritt ein Wort aus: Erst »If«, dann
»the« und immer so weiter, bis das Netzwerk erkennt, das das Ende des Satzes erreicht
ist.

**Recurrent Neural Networks mit zusätzlichem Gedächtnisspeicher**

Mit dieser Art von neuronalen Netzen wäre jetzt beinahe eines der kniffligsten Probleme der KI gelöst: Die maschinelle Übersetzung zwischen beliebigen Sprachen.
Um diese Vision wahr werden zu lassen, brauchte es aber noch eine entscheidende
Weiterentwicklung. Denn RNNs haben per Design eine Eigenschaft, die für die Übersetzung von komplexen Sätzen ein Problem darstellt: ein RNN »erinnert« sich immer
am besten an die Wörter, die zuletzt kommen. Lange zurückliegende Wörter geraten durch die vielen Schritte, die das Netz seit ihrer Verarbeitung mit neuen Wörtern
durchlaufen hat, langsam in Vergessenheit. Mit anderen Worten: RNNs haben zwar ein
Gedächtnis, aber leider ein sehr kurzes.

---

20   Diese Worte werden über sog. word embeddings zunächst in Vektoren umgewandelt, zur Vereinfachung
     der Darstellung überspringen wir diesen Teil. Vgl. Karani, Dhruvil: Introduction to Word Embedding and
     Word2Vec – Towards Data Science, in: Medium, 02.09.2020, https://towardsdatascience.com/introduction-
     to-word-embedding-and-word2vec-652d0c2060fa (abgerufen am 05.06.2022).

Eine Lösung dafür ist das sogenannte **Long Short Term Memory** (LSTM), das von Forschern der TU München bereits 1997 gefunden wurde.[21] Die Idee ist so einfach wie genial: Man fügt dem RNN einen Gedächtnisspeicher hinzu, der nicht nach jedem Schritt durch den neuen Input überlagert wird. Dieses Langzeitgedächtnis braucht jedoch auch Kontrolle, denn es ist endlich. Es muss also entschieden werden, was darin speichert werden soll. Die Lösung ist, dass sogenannte Gates in jedem Schritt steuern, ob eine bestimmte Position im Gedächtnisspeicher von neuem Input angepasst, gelöscht oder wieder ins Kurzzeitgedächtnis übertragen wird. Damit können auch verzweigte und verschachtelte Sätze richtig übersetzt werden.

**Anwendung**
RNNs mit LSTMs kommen seit 2005 zum Einsatz und heute arbeiten fast alle KI-basierten Übersetzer mit RNNs, LSTMs oder ihren Nachfolgern.

## 14.8.6   Transformer

Natürlich muss man mit RNNs aus dem Kapitel zuvor nicht zwangsläufig einen Text in eine andere Sprache übersetzen. Man kann sie auch darauf trainieren, Antworten auf Fragen zu geben. Und in der Tat ist das eine weitere sehr wichtige Anwendung, die mithilfe der im Folgenden beschriebenen Architektur uns auf den neuesten Stand der Neuronalen Netzarchitekturen bringt.

**Gedächtnisprobleme**
Eines der Hauptprobleme bei den RNN ist, dass die Erinnerung an Inputs (bei NLP sind das Worte), die weit zurückliegen, endlich und relativ klein sind. Die Kapazität reicht vielleicht für einzelne, lange und komplexe Sätze, aber nicht, um einen ganzen Text zu »verstehen«. Für die maschinelle Übersetzung ist das meistens noch akzeptabel, aber wenn es um Frage-Antwort-Systeme geht, dann stellt diese Eigenschaft eine starke Einschränkung dar.

Beispiel: Nehmen wir an, Sie sind der Hersteller einer komplexen Maschine, eines Magnetresonanztomographen (MRT). Wenn Ihre Kunden eine Serviceanfrage zu dieser Maschine starten, kann das hunderte verschiedener Themen betreffen.

Soll nun eine KI einen größeren Teil der Serviceanfragen beantworten, dann muss sie alle verfügbaren technische Dokumente zu ihrem Produkt und zu MRT im Allgemeinen »verstanden« haben. Dazu müsste man ein LSTM mit einem gigantischen Gedächtnis

21   Vgl. Hochreiter, Sepp/Jürgen Schmidhuber: Long Short-Term Memory, in: Neural Computation, Bd. 9, Nr. 8, 1997, doi:10.1162/neco.1997.9.8.1735.

bauen. Es würde dann so langsam laufen, dass es praktisch nicht anwendbar wäre. (Diese Problematik greifen wir an späterer Stelle übrigens noch einmal auf, wenn wir in Kapitel 9.3.2 über Chatbots in Customer-Service und Backoffice sprechen werden.)

### Attention is all you need

Eine Lösung für das Problem besteht darin, dass das Netz sich nicht an alle vergangenen Worte gleichermaßen erinnert, sondern seine Aufmerksamkeit (**Attention**) nur auf die relevanten Inhalte richtet. Basierend auf dieser Idee wurde von einer Gruppe von Wissenschaftlern bei Google 2017 die sog. **Transformer** Architektur vorgestellt[22]. Diese ist zu komplex, um sie hier in einfachen Worten zu erklären, aber sie macht intensiven Gebrauch von sog. **Self-Attention-Modules**. Daraus hat Google seine **BERT-Modelle** (BERT steht für Bidirectional Encoder Representations from Transformers) entwickelt, die sehr viel schneller als LSTMs laufen.

### Generative PreTraining

Gleichzeitig hat **openAI**[23], eine Forschungs- und Entwicklungsfirma in den USA, die sich der Entwicklung und Nutzung einer »universellen Künstlichen Intelligenz« (**Artificial General Intelligence, AGI**) zum Wohle der gesamten Menschheit verschrieben hat, seine GPT-Modelle (GPT steht für Generative PreTraining) daraus entwickelt. Das vorläufig neueste Modell davon wurde als **GPT-3** 2020 der staunenden Öffentlichkeit vorgestellt. GPT-3 war seinerzeit das größte bis dahin trainierte Neuronale Netz mit 175 Milliarden Parameter (= Gewichten). Es wurde mit ca. 500 Milliarden Tokens aus Texten des gesamten Internet (z. B. die ganze Wikipedia, die aber nur 3 % der Tokens ausmacht) in allen Sprachen zum großen Teil mit unsupervised learning trainiert. Es kann basierend auf einer kurzen oder längeren Textpassage als Input einen längeren Text erzeugen, der oft nur sehr schwer von echten, von Menschen geschriebenen Texten, zu unterscheiden ist.

### Anwendung

GPT-3 kann journalistische Texte verfassen[24], historische Persönlichkeiten als Chatbot wieder auferstehen lassen[25] und sogar Computercode, basierend auf einfachen Anweisungen, erstellen[26].

---

22   Vgl. Vaswani, Ashish: Attention Is All You Need, in: arXiv.org, 12.06.2017, https://arxiv.org/abs/1706.03762 (abgerufen am 05.06.2022).

23   Vgl. About OpenAI: in: OpenAI, 02.09.2020, https://openai.com/about/ (abgerufen am 05.06.2022).

24   Vgl. A robot wrote this entire article. Are you scared yet, human? in: the Guardian, 11.09.2020, https://www.theguardian.com/commentisfree/2020/sep/08/robot-wrote-this-article-gpt-3 (abgerufen am 05.06.2022).

25   Vgl. Sabeti, Arram: AI Tim Ferriss Interviews AI Marcus Aurelius (GPT-3), in: Arram Sabeti, 17.08.2020, https://arr.am/2020/08/17/ai-tim-ferriss-interviews-ai-marcus-aurelius-gpt-3/ (abgerufen am 05.06.2022).

26   Vgl. Debuild: in: Build web apps fast, o. D., https://debuild.app/ (abgerufen am 05.06.2022).

Allerdings entwickelt GPT-3 kein wirklich tieferes Verständnis der Inhalte, mit denen es trainiert wurde. Daher kann man auch nicht erwarten, dass es logische Probleme löst. Aber die Ergebnisse sind faszinierend und verstörend zugleich und zeigen, was mit Sprachmodellen heute möglich ist.

Seitdem wurden weitere Modelle nach dem Prinzip von GPT-3 und den Transformern gebaut:

**DALL-E** von openAI basiert auf GPT-3 und kann aus einer Beschreibung ein fotorealistisches Bild erzeugen[27]. Das können einfache Objekte (z. B. »a square green clock«, »5 bats are sitting on a table«) und auch surrealistische Kreationen sein (z. B. »an armchair in the shape of an avocado«). Es kann aber auch reale Objekte visualisieren (z. B. »a photo of the golden gate bridge at sunrise«)

**CODEX** von openAI basiert ebenfalls auf GPT-3 und kann Programmcode aus einer natürlichsprachlichen Textbeschreibung erzeugen[28]. Diese Software hat das Potenzial, die IT-Industrie gravierend zu verändern.

Nicht unerwähnt bleiben sollte das Unternehmen **Aleph Alpha**, das – als derzeit einziges deutsches Unternehmen – ebenfalls große multi-modale Sprachmodelle zur Verfügung stellen kann.[29]

**Fazit**

Die letzten Beispiele zeigen sehr schön, wie weit KI-Technologien seit den Anfängen in den 1950er-Jahren gekommen sind. Heute können hochgradig komplexe Aufgaben vor allem in der Text- und Bildverarbeitung übernommen werden. Gleichzeitig stehen viele Lösungen noch ganz am Anfang ihrer wirtschaftlichen Nutzung. Hier ergeben sich für innovative Unternehmen in den nächsten Jahren spannende Möglichkeiten, völlig neue Produkte und Dienstleistungen anzubieten.

Wir hoffen der »Blick unter die Haube« hat Sie neugierig auf das Thema gemacht. Weiterführendes Material finden Sie reichlich im Internet, indem sie eine Künstliche Intelligenz Ihrer Wahl mit den oben eingeführten Begriffen füttern.

Viel Spaß auf der Reise.

---

27   Vgl. DALL·E: Creating Images from Text: in: OpenAI, 22.06.2021, https://openai.com/blog/dall-e/ (abgerufen am 05.06.2022).

28   Vgl. Zaremba, Wojciech: OpenAI Codex, in: OpenAI, 18.11.2021, https://openai.com/blog/openai-codex/ (abgerufen am 05.06.2022).

29   Vgl. Generation Use Cases: in: Aleph-Alpha, 2022, https://www.aleph-alpha.com/use-cases/generation (abgerufen am 05.06.2022).

# Stichwortverzeichnis

# Die Autoren

**Andreas Klug** ist Mitbegründer und ehemaliges Vorstandsmitglied bei der ITyX AG – einem »Hidden Champion« aus Deutschland im Feld der Intelligenten Automatisierung (IA) von Unternehmensprozessen. Andreas unterstützt noch heute KI-Tech-Start-ups aus Deutschland. Und er hat gemeinsam mit **Jörg** den Arbeitskreis »AI« im Digitalverband Bitkom seit 2016 geleitet und entscheidend geprägt. Mit dem digitalen Wandel setzt Andreas sich in Vortragsreihen, Blogs und in seinem Podcast »KI-Board«[1] regelmäßig auseinander.

**Jörg Besier** ist Mitbegründer und CTO bei der Curaluna GmbH – einem Startup aus Deutschland, das sich zum Ziel gesetzt hat, Pflegebedürftige und die sie pflegenden Menschen mit Hilfe von digitalen Applikationen zu mehr Gesundheit, Würde und Selbstbestimmung zu verhelfen. Dabei kommen neben moderner Sensorik in Form von »Wearables« natürlich auch KI zum Einsatz. Daneben unterstützt er Startups aus dem Bereich Digital Health. Zuvor hat Jörg nach seiner Forschungstätigkeit im Bereich KI in Bildverarbeitung in der Radiologie am Universitätsklinikum in Mainz über **22 Jahre bei Accenture** mehrmals neue Geschäftsbereiche in den Themen Data Science, Artificial Intelligence und Digitale Transformation aufgebaut.

Zusammen haben Andreas und Jörg als Vorsitzende den Arbeitskreis »Artificial Intelligence« im Digitalverband Bitkom bis ins Jahr 2022 geleitet. In dieser Zeit sind zahlreiche Publikationen entwickelt und Expertennetzwerke gesponnen worden. Sie haben entscheidend dazu beigetragen, dieses Buch zu realisieren.

---

1    KI-Board: in: Andreas Klug, 11.03.2021, https://andreasklug.com/podcast/ (abgerufen am 29.05.2022).

# Die Co-Autoren und Unterstützer

Zwischen 2017 und 2022 waren wir gemeinsam mit einer Reihe relevanter KI-Expert:innen als Autoren zahlreicher Publikationen aktiv, unter anderem:

Mai 2017: Leitfaden »Künstliche Intelligenz verstehen als Automation des Entscheidens« https://www.bitkom.org/Bitkom/Publikationen/Kuenstliche-Intelligenz-verstehen-als-Automation-des-Entscheidens.html

September 2017: Positionspapier »Artificial Intelligence: Entscheidungsunterstützung mit Künstlicher Intelligenz« https://www.bitkom.org/Bitkom/Publikationen/Entscheidungsunterstuetzung-mit-Kuenstlicher-Intelligenz.html

Oktober 2018: Positionspapier »Stellungnahme zu den Eckpunkten der Bundesregierung für eine Strategie Künstliche Intelligenz« https://www.bitkom.org/Bitkom/Publikationen/Stellungnahme-zu-den-Eckpunkten-der-Bundesregierung-fuer-eine-Strategie-Kuenstliche-Intelligenz

Dezember 2018: Leitfaden »Digitalisierung gestalten mit dem Periodensystem der Künstlichen Intelligenz« https://www.bitkom.org/Bitkom/Publikationen/Digitalisierung-gestalten-mit-dem-Periodensystem-der-Kuenstlichen-Intelligenz

Februar 2021: Report »Maschinelles Lernen 2021« https://www.bitkom.org/Bitkom/Publikationen/Maschinelles-Lernen-2021

Im Kern dieses Buches – so verrät schon der Titel – steht die Veröffentlichung der Trendradare KI für unterschiedliche Branchen. Viele geschätzte Expert:innen haben an unseren Trendradaren mitgewirkt.

An der Verwirklichung des **Trendradar KI »Banken und Finanzdienstleister«** (Kapitel 9) haben folgende KI-Experten mitgewirkt:
- Oliver Maspfuhl | Chapter Lead Data Scientists | Commerzbank AG
- André Burger | Geschäftsführer | Synpulse GmbH
- Björn Thiele | Senior Expert | Vereinigung Baden-Württembergische Wertpapierbörse e. V.
- Dr. Werner Steck | Partner | Senacor AG

An der Verwirklichung des **Trendradar KI »Versicherungen«** (Kapitel 10) haben folgende KI-Experten mitgewirkt:

- Dr. Andreas Braun | Managing Director – Data and AI Lead ASGR| Accenture
- Andreas Hufenstuhl | Partner & Leiter Bereich FS Advisory Big Data & Advanced Analytics | PWC
- Gerhard K. Schwyrz | CEO & Founder | SC Consulting
- Dr. Michael Zimmer | Chief Data Officer | Zurich
- Dr. Thomas Zwack | Partner | Capco

An der Verwirklichung des **Trendradar KI »Gesundheit«** (Kapitel 11) haben folgende KI-Experten mitgewirkt:

- Dr. Benedikt Kämpgen | Head of Delivery | at Empolis Information Management GmbH
- Dagmar Schuller | Geschäftsführerin | AudEERING GmbH
- Heinz-Uwe Dettling | Partner und Leiter der Rechtsberatung im Bereich Life Science| Ernest & Young Law GmbH
- Sebastian Fischer | Senior Manager, Global Regulatory & Scientific Policy | Merck KGaA Darmstadt
- Valentin Ziebandt | VP Imaging Decision Support| Siemens Healthineers AG
- Dr. Ralf Angermund| Therapeutic Area Director Hematology | Janssen Germany

Bei allen Roundtable-Teilnehmenden möchten wir uns an dieser Stelle ausdrücklich für die Unterstützung bedanken. Sie alle sind uns nicht nur wertvolle Ratgeber und Beobachter, wenn es um die entscheidenden »Etappen« dieser Digitalen Transformation geht, sondern gute Bekannte und Freunde, wenn wir uns mit großer Neugier und Begeisterung den vielfältigen Maßnahmen und Entwicklungen aus Unternehmenssicht widmen.

Unser Dank gilt auch der Unterstützung durch den Digitalverband Bitkom e.V. und geht insbesondere an Merle Uhl, Referentin Künstliche Intelligenz & Digitalisierung, und ebenso an Lukas Klingholz, Leiter des Bereichs Cloud & Künstliche Intelligenz, mit dem wir in den vergangenen Jahren zusammenarbeiten durften.